远程宽体客机科学与技术丛书

远程宽体客机研制项目管理成熟度模型及风险决策与应用

邱菀华 乔 恒 著

科学出版社

北 京

内 容 简 介

本书力图从更深层次对装备制造的整体成熟度理论和实际问题进行系统的研究和梳理，提供了指导远程宽体客机设计、制造和运用的成熟度理论框架，以提升其成熟度。本书从哲学知识论和经济管理学的理论及实践中，围绕管理成熟度，提供了有关质量、人才、研发路径的结构化知识体系。整体结构上，本书在哲学认识论、理论经济学、博弈论和管理学等多学科方法论基础上综合分析得到一个统一的哲学框架，从历史、社会、政治和军事多方位视角出发满足不同读者群体的阅读兴趣和体验。

本书不仅适用于管理者、科技工作者及决策者，还适用于与成熟度密切相关的制造者、测试者和监管者三方利益群体。

图书在版编目(CIP)数据

远程宽体客机研制项目管理成熟度模型及风险决策与应用 / 邱菀华，乔恒著. -- 北京：科学出版社，2025.5. -- （远程宽体客机科学与技术丛书）. -- ISBN 978-7-03-081187-5

Ⅰ．V271.1

中国国家版本馆 CIP 数据核字第 202523TM61 号

责任编辑：胡文治 / 责任校对：谭宏宇
责任印制：黄晓鸣 / 封面设计：殷　靓

科 学 出 版 社 出版
北京东黄城根北街 16 号
邮政编码：100717
http://www.sciencep.com

南京展望文化发展有限公司排版
苏州市越洋印刷有限公司印刷
科学出版社发行　各地新华书店经销

*

2025 年 5 月第 一 版　　开本：B5（720×1000）
2025 年 5 月第一次印刷　印张：12 1/2
字数：245 000

定价：120.00 元
（如有印装质量问题，我社负责调换）

远程宽体客机科学与技术丛书

顾　问
（按姓名汉语拼音排序）

陈十一　邓小刚　郭万林　黄伯云

林忠钦　吴光辉　杨　卫　朱　荻

编写委员会

主　编

陈迎春

编　委
（按姓名汉语拼音排序）

白　杰	陈海昕	陈文亮	顾宏斌	焦宗夏	赖际舟	李　栋
李浩敏	李伟鹏	林燕丹	刘　洪	刘沛清	米　毅	邱菀华
邵　纯	宋笔锋	孙有朝	王志瑾	严　亮	杨春霞	杨小权
叶正寅	占小红	张美红	张曙光	张卓然	赵安安	郑　耀

丛书序

大型飞机是国家中长期科学和技术发展规划纲要确定的重大科技专项,是建设创新型国家、提高我国自主创新能力和增强国家核心竞争力的重大战略举措。发展大型客机项目是党中央、国务院把握世界科技发展趋势,着眼我国现代化建设全局作出的一项重大战略决策,也是国家意志和民族梦想的集中体现。国产客机按照"支线-窄体-远程宽体"三步走战略实施发展。

远程宽体客机的研制是高度复杂的系统工程,涉及数学、力学、材料、机械、电子、自动控制等诸多学科与技术门类的综合集成,并向着全球分布式、协同设计与制造的方向不断发展。为了满足国产远程宽体客机对飞机的安全性、经济性、环保性和舒适性等方面提出的严苛技术指标,同时应对新的国际国内形势下设计理论和制造技术等方面的严峻挑战,迫切需要总结国内外已有的经验和成果,编著一套以"远程宽体客机"为主题的丛书,从而推动远程宽体客机研制中的科学与技术发展,具有极为重要的工程价值和深远的历史意义。

2017年,科学出版社就开始酝酿"远程宽体客机科学与技术丛书"。我作为远程宽体客机的总设计师,欣然接受了科学出版社的邀请担任该丛书的主编。出版社邀请了国内部分知名院士担任丛书专家委员会顾问,同时组织国内优势高校和主要科研院所的知名专家,在基础研究的学术成果和工程研究实践的基础上,共同编写这套"远程宽体客机科学与技术丛书",确保丛书具有系统性、专业性、实用性和前瞻性。

本套丛书主要涵盖了飞机总体设计、空气动力学、材料与结构、机载系统、飞机制造、适航与管理、系统工程管理和地面与飞行试验等主要远程宽体客机研制专业方向和关键技术领域,在聚焦远程宽体客机研制一线的理念思路与工程经验的同时，着重关注领域内专家最新的理论方法和技术成果。本套丛书蕴含了我国近十几年来远程宽体客机研制技术发展的科技成果，既可供航空专业人员学习和参考，也可作为飞机工程研制的案头工具书。期望本套丛书能有益于国产大飞机的成功研制、有益于航空领域高层次人才的培养、有益于我国航空事业的高质量发展。

是为序！

2022 年 12 月

前　言

2023年5月28日是一个特别的日子,我国国产首架大型客机C919从上海到北京首航成功,并通过水门,迈出了国产大客机正式进入市场运营和国际竞争的关键一步,具有重要的历史意义和价值。

21世纪初,项目管理作为一门新学科引入我国。科学出版社以敏锐的科学眼光率先出版了我们的《现代项目管理学》第一版。如今,《现代项目管理学》已成为各类企业家、领导、项目经理、工程技术与管理人员普遍使用的不可或缺之得力助手与案头的常备物,而大型客机C919也正是项目管理和风险决策成功实施的典范。

一方面,远程宽体客机有着复杂的内部结构和数量庞大的零部件数,其复杂度以指数级别增加。而且,如此复杂的结构,需要经历从实验室设计检验到形成标准进行合成制造,再从推进市场到企业采购环节,最后进行实践检验并取得客户使用体验反馈等一系列的漫长过程,因此对它进行成熟度检验评估,本身就是一项极为复杂的系统工程。

另一方面,随着现代项目的复杂性、多样性以及风险源的增加,项目及其风险管理决策的重要性与日俱增,同时也对其理论和应用提出了更高更新的要求。例如,对项目管理的评价与择优,即成熟度理论方法之研究应运而生并随之成为企业家、项目管理和科技工作者的一个新研究热点。

本书不是简单对成熟度的一般程式化检验条目之介绍,而是力图从更深层次对装备制造的整体成熟度理论和实际问题进行系统的研究和梳理,提供了指导远程宽体客机设计、制造和运用的成熟度理论之框架,以提升其成熟度。另外,从长计议,在实践中成熟度价值高的产品和项目,才能满足复杂市场需求和个性化服务。因此,在技术创新和产业升级的宏观大背景下,不仅需要把握好理论和技术本身的发展方向,还需要寻求现实中瞬息万变的复杂市场方向并获取其前瞻性理论、技术和市场之突破。

本书从哲学知识论和经济管理学的理论及实践中,围绕管理成熟度,提供了有关质量、人才、研发路径的结构化知识体系;在当前知识冗余及混乱的信息时代,借鉴历史发展之经验,帮助读者们探讨理论与实践相结合的相对成熟的系统工程方法。

本书包含三部分：理论篇、实践篇和案例篇。设计的整体思路,不只是针对某一具体产品型号的成熟度的测试手册或者是一个技术术语的集成,而是旨在为读者提供一个能最大限度地提升相关群体的成熟度理念及其管理决策知识的扩展平台和空间。在实践篇和案例中,我们应用经济学、博弈论和管理学等多学科最新理论模型进行综合分析得到一个统一的哲学框架,从历史、社会、政治和军事多方位视角出发满足不同读者群体的阅读兴趣和体验。

成熟度不仅仅是一个理论方法技术问题,更是一个与我们未来产业升级和社会经济发展密切相关的重要课题。因此本书不仅适用于管理、科技工作者及决策群体,还适用于与成熟度密切相关的制造者、测试者和监管者等三方利益群体。这些相关利益方都应该参照本书对涉及产业升级的成熟度问题加以再认识。

北京航空航天大学是我国项目管理发源地之一。在此,我们首先要感谢我国老一辈的航空科学家们,是他们的知识积淀促进了我们的成长。另外,尽管可供本书撰写时参考的资料不多,但我们遍历了所有相关网页信息和国内外会议、杂志和相关文献,受益匪浅。因此,我们还要深深地感谢所有参考文献的作者们——认识的和不认识的老师们以及给本书提供意见的各国专家们。对于本书中的不足,我们时刻期待读者指正。

本书是我们与读者交流基础理论、探索前沿科技、解决疑难问题、促进合作创新的得力助手,因此他们的帮助始终是充盈满溢的,我们将永远珍视和感激。

祝大家做一个快乐、好运的读书人!

作者

2024 年 12 月

目　录

第1篇　理　论　篇

第1章　哲学知识论理论基础　3

1.1　知识论相关问题综述　3
  1.1.1　三个知识论定义　4
  1.1.2　案例1　5
  1.1.3　案例2　8
  1.1.4　一般结论　9

1.2　成熟度难题在知识论上的问题及其本质　10
  1.2.1　成熟度简单定义概括　10
  1.2.2　知识论角度的一些结论　11

1.3　成熟度概念及工业化背景下的相关问题　12
  1.3.1　成熟度概念对于高端精益产品项目的意义　12
  1.3.2　产业的问题和成熟度的关系　15

1.4　成熟度需要达到的商业目标　18

第2章　经济博弈论　20

2.1　博弈论相关概念化的基本框架　20

2.2　从共同知识角度用博弈概念理解成熟度问题　25

第3章　质量分析框架的基本理论 ... 28

3.1 卖者的信息披露/揭示机制 ... 29
3.1.1 自愿信息披露机制的条件 ... 29
3.1.2 揭示质量信息的成本 ... 31
3.1.3 市场结构 ... 31
3.1.4 消费者的作用 ... 32
3.1.5 质量信息披露失败的原因 ... 32

3.2 第三方质量披露机制以及认证经济学 ... 33
3.2.1 市场和竞争问题 ... 34
3.2.2 信誉和动机 ... 35
3.2.3 其他问题和机制 ... 36

3.3 质量和成熟度问题 ... 37

第4章　经济契约理论下基本模型 ... 39

4.1 契约理论和不同维度的成熟度描述 ... 39
4.2 理论模型基准 ... 41
4.2.1 信号博弈的基本思路和研究视角 ... 41
4.2.2 教育遴选分析 ... 44
4.2.3 对成熟度所提供的基本知识和部分结论 ... 47

4.3 大型客机和人才 ... 49

第5章　激励机制理论下成熟度的概念和理论 ... 50

5.1 内在机制和外在机制模型主要思路 ... 50
5.2 模型的主要设置、主要效应的概念化 ... 52
5.3 针对细分具体问题的模型和主要结论 ... 55
5.3.1 主要结论 ... 57
5.3.2 事前承诺相对于事后的酬劳 ... 58

目　录

5.3.3　外在动机会瓦解内在动机的情形 ············· 59
5.3.4　反身确认和自我审视 ············· 60
5.4　剩余问题、结论和总结 ············· 60
5.4.1　授权与激励 ············· 60
5.4.2　帮助 ············· 62
5.4.3　教练指导和训练 ············· 63

第 2 篇　实　践　篇

第6章　成熟度在实践层面的概念　67

6.1　军品成熟度和商业产品成熟度的概念与差异 ············· 67
6.1.1　军品成熟度 ············· 67
6.1.2　商业产品的成熟度 ············· 68
6.2　高级科技成果具有非指向性的一般特点 ············· 71
6.2.1　非指向性的概念和案例 ············· 71
6.2.2　案例：协和客机 ············· 73
6.2.3　案例：铱星系统 ············· 74

第7章　成熟度在企业层面的实践检验标准　76

7.1　军品的成熟度——产业基本的定位和利润模式 ············· 76
7.2　商业市场化产品的成熟度 ············· 78
7.2.1　战后军工企业的衰落 ············· 78
7.2.2　质量与效率的矛盾在市场化初期显现 ············· 78
7.2.3　拥抱低利润行业的成长 ············· 79
7.2.4　案例：美国军工企业的发展 ············· 81
7.3　成熟度评估的实践问题：多方博弈 ············· 82

第8章　专家与测试问题　86

8.1　测试问题　86
8.2　谈两种成熟度概念中基本的测试问题　87
8.3　对于专家、技术和知识的世界范围的反思　90
8.3.1　后疫情时代科学界的反思　90
8.3.2　将反思应用于实践　93

第9章　产品问题——定位、设计和利润　95

9.1　针对成熟度的阶段性划分　95
9.2　高利润是维系产品的核心　98
9.2.1　军品转民品的高利润的维系　98
9.2.2　商业化的高利润产品和行业的维系　99
9.3　从军品到商业产品的成熟度问题　100
9.3.1　现有文献在讨论成熟度或者质量问题的基本路径和局限　101
9.3.2　从军品到商业产品：更一般的对产品空间的讨论　102
9.4　案例：福特汽车的发展　105
9.4.1　案例：福特早期发展的路径和决策　105
9.4.2　案例：售后服务弥补产品质量缺陷　106

第10章　维护工人的职业高收入地位　108

10.1　作为职业化的工人　108
10.1.1　近期欧洲的去工业化进程　109
10.1.2　案例：工业化进程的挫折　109
10.1.3　西方模式：工业化背景下的职业化　111
10.1.4　局限性　113
10.2　职业和身份　115

10.2.1	社会身份	115
10.2.2	社会身份的变换和影响	116
10.2.3	工人和农民的转换	116
10.2.4	工人和农民的职业和社会认同	118

第11章　企业的内部和外部监管政策　120

11.1	旨在提升成熟度的机制设计文献和实践	120
11.2	谈效率和市场配置	124
11.2.1	从计划经济到市场竞争的诸多陷阱	125
11.2.2	制度因素	126

第12章　短期策略和长期策略　129

12.1	一国内部竞争的短期性和长期性的选择	129
12.1.1	军工、举国体制对于工业化水平的基础意义	129
12.1.2	科研动机世俗化问题	132
12.2	企业面临的问题与决策	133
12.2.1	创新性成果	134
12.2.2	创新性人才	136

第3篇　案　例　篇

第13章　案例的历史宏观视角　143

13.1	围绕成熟度的宏观角度审视	143
13.2	成熟度的政治经济学解释	145
13.2.1	概念框架	145

- 13.2.2 技术的先进和落后问题——技术成熟度 ... 146
- 13.3 宏观角度审视经济史中产业基本发展模式 ... 146
- 13.4 商业产品成熟度的非技术维度 ... 148
  - 13.4.1 谈商业市场中产品成熟度的独特维度——审美 ... 148
  - 13.4.2 消费观念逐步成熟的表现 ... 149
  - 13.4.3 国内消费领域心理日渐成熟 ... 149
  - 13.4.4 日系、德系在二战中的演进和制造定位策略 ... 150

第14章 德国坦克的成熟度演进 ... 152

- 14.1 案例简述 ... 152
- 14.2 德国Ⅰ号坦克成熟度演进 ... 153
- 14.3 德国Ⅰ号坦克出口中国的记录 ... 155
- 14.4 德国Ⅱ号坦克成熟度演进 ... 157
- 14.5 德国Ⅲ号坦克的制度建设问题 ... 159
- 14.6 德国Ⅲ号坦克系列成熟度演进 ... 162

第15章 德国坦克发展在冲击下的升级和启示 ... 165

- 15.1 德国Ⅳ号坦克成熟度演进 ... 165
- 15.2 德国Ⅴ号坦克在外在冲击下的升级 ... 168
- 15.3 二战工业发展史和成熟度 ... 170

参考文献 ... 171

第1篇

理 论 篇

第 1 章

哲学知识论理论基础

一个高端复杂产品的设计,讨论其成熟度问题,从本质上来看,其下层的基础是将产品的设计和生产作为一个具有周期性的生命个体来进行审视。

任何一个高端复杂产品,如果仅仅就其品类进行横向(同一时期)产品的对比,可以得出一些功能维度上的属性的优劣,但还无法判断某一个产品的成熟程度。仅仅当在掌握所有时间节点的横向知识的基础上,进行一定时期或者足够长时期的纵向对比时,才能系统地、较为合理地对成熟度的概念进行讨论和评价。

因此,进行成熟度的评价是非常不容易的,一个国家的专家可能并没有足够的能力来准确定义和评价一个产品的成熟度,如果一项产品的评估流于一种模糊的、泛泛的评审,那么对于项目的创新绝不会带来任何有益的帮助,而只是仅仅成为一项形式化的成本。往往一个数十万的项目其实际评估费用在数千元,而其所产生的效果也仅仅只是形式化的。

对于高端的军品而言,真正发挥作用的评估是实战的经验,除此之外人为的低成本评估对于项目本身产生的作用都是极其有限的。既然如此,那么为什么还要花费巨大的篇幅来讨论成熟度的相关内容呢?尽管成熟度不是通过简单的成本付出就能得到结果的,但是其内在的机制和整体复杂系统的原理还是可以通过现有的理论来加以解释的。例如,如何定义成熟度的知识?如何证明其本身的提取具有极大的难度?以及成熟度相关的内在机制如果能够充分了解,是否可以得到一些改进的线索?以历史上高成本的结果来堆积起对于成熟度基础问题的较为深入的理解,就是本书研究的主要线索和思路。

1.1 知识论相关问题综述

对于知识论的近代理解,要从一个最为基础的问题出发,这就是 Gettier

(Gettier, 1963)在 1963 年的文章"Is Justified True Belief Knowledge?"所提出的核心问题。这个问题的提出方式以及后续的论证,代表了现代对知识论和哲学领域相关问题基本和主流的看法。这一看法来自现阶段主流的以西方为主导的学术领域的意识形态看待这类问题的基础。

1.1.1　三个知识论定义

对于"知"(knowing)的充分必要条件是哲学的一个核心问题,那么"知道一个命题",即"knowing a given proposition",有如下一些可能的定义(来自历史上以及现代具有较大影响力的哲学家)。

定义 1：S knows that P IFF

（i）P is true,

（ii）S believes that P, and

（iii）S is justified in believing that P.

这里,S 为认知的主体,而 P 为所认知的对象或者命题。

定义 1 要求三个条件都要成立：首先命题 P 为真；其次 S 相信命题 P；再次 S 要能够证实对 P 的相信。

从表述来看,S 知道 P,要求当下的命题 P 要为真命题且 S 相信 P,且当下 S 具有证实对 P 的相信的能力。

这是"知"的一般要求。达到这些要求的时候,如果这个定义为真,那么对于 S 就建立起了一个命题为 P 的知识。这就是关于知识的定义 1。

这个定义是比较传统的西方哲学知识论定义,来自柏拉图的不同篇章,如《泰阿泰德篇》和《美诺篇》。其历史影响力是最大的。

定义 2：S knows that P IFF

（i）S accepts P,

（ii）S has adequate evidence for P, and

（iii）P is true.

使用这个定义的哲学家,如 Chisholm(Chisholm, 1957),给出了知识的充分必要条件：S 接受 P；S 有充足证据接受；P 为真。

S 作为个体接受了这个有充足证据的命题。这个定义适用的意识形态是极为狭隘的(或者通俗来看,是少见的),因为,作为知识的定义,一般而言不是个人化的,仅仅在"知识"这一概念被个人化了,或者说我们较为熟悉的原子化较为充分的意识形态中,才能勉强被称为知识,至少我们现阶段还很难找到或者想象出这样的能够运行的环境,来支撑这样一种知识的概念。在有限的历史记载或者说被记载的或者想象出来的被允许的意识形态中,并不能很容易找到这样的环境,无论其是否与城市化的文化相关。

定义 3：S knows that P IFF

(i) P is true,

(ii) S is sure that P is true, and

(iii) S has the right to be sure that P is true.

使用这个定义的哲学家，如 Ayer(Ayer, 1956)，给出了充分必要条件：P 为真；S 确定 P 为真；S 有权力确认 P 为真。

同较为极端的定义 2 刚好对立，这个定义强调了其现实运行的运作机制和理性基础，显然权力可能获取更多和更大范围的知识实际运行的载体，但是这一点却忽视了其他认证途径对于知识的影响力。打一个比喻，如果定义 2 是学院派实验室中给出的定义，那么定义 3 则是一个民主政体下实际的意识形态维系现实政治所需要的知识定义。有人希望将定义 2 和定义 3 混合起来，成为一种既符合实验室和远离现实的象牙塔或者发明家的知识定义，也符合野心政治家操弄手段的知识定义。但是非常遗憾，这二者很难同时存在。如果要有比较融通的定义，我们还是回归到柏拉图的世界吧，除此之外，我们找不到更好的了，即使是理想国，也比任何一个更接近可能实现的现实。这就是哲学的矛盾和不能协调的问题的核心。了解了这些我们就可以开始进行下面的更接近具体应用的讨论了。

1.1.2 案例 1

Gettier 在他的文章中，接下来进行了一个很重要的工作，就是否定定义 1。我们来看这个关键工作是如何设计并完成的。

案例 1：假设 Smith 和 Jones 已经申请了特定职位，且假设 Smith 有强证据支持如下的联言命题。

(1) Jones 是将得到该职位的人，且 Jones 有十枚硬币在他的口袋里。

Smith 对(1)的证据可能是该企业的一把手已经对他保证，Jones 最终会被选，并且他——Smith，已经在十分钟之前数过 Jones 口袋里面的硬币。

命题(1)可以推出命题(2)。

(2) 将会得到工作的人在他的口袋里有 10 枚硬币。

假设 Smith 明白从(1)到(2)的推论过程，并且基于(1)接受了(2)，而对于(1)他有充足的证据。这样的条件下 Smith 清晰地证实了他相信(2)为真。

但是进一步想象，如果对 Smith 来说他不知道——他自己而不是 Jones 将会得到这个职位。并且同样 Smith 是不知道的——他自己兜中有十枚硬币。于是，命题(2)是真命题，而 Smith 所基于的命题(1)却是假命题。

在这个例子中：① (2)为真；② Smith 相信(2)为真；并且 ③ Smith 证实了(2)为真。即按照知识的定义，命题(2)是知识。

但同样清楚的是，Smith 不"知道"命题(2)为真。按照命题(2)的陈述，Smith

口袋中的硬币数量是命题(2)为真的原因,而 Smith 并不知道自己口袋中硬币的数量是多少。他对命题(2)的"相信"是基于 Jones 口袋中硬币数量,而他实际上错误地相信 Jones 是将会得到那个职位的人。从这段论述中,我们又得到了命题(2)不是知识。这与前面段落形成了矛盾。通过这种方式,Gettier 说明了,定义1并不能带来知识,这个"知道"的定义是有缺陷的。

这个例子是非常具有启发意义的。我们现在通过特定的方式来对其进行适当的剖析。这个例子很值得反思,其设定的背景是由人组成的社会环境,而具体的场景是一个职位申请的关系。这个关系要如何打开,依赖不同学科或者思路对人和人的关系的定义。但是这里知识论的讨论视角似乎并没有特别深入这些学术的分野,而是仅仅讨论了这样一种一般性的问题,这可能是哲学思维特有的一种一般性的讨论。

然而这个例子实在太特殊了,这里面有一个关键的决定性的力量,是由特定的上位者扮演的。

在一种更为客观的背景下,这个决定性力量不可能是由一个人来扮演,而更可能是一种自然的力量或者不知道其存在样式的决定者。

这个知识形成了一个社会环境的一部分,尽管 Smith 从企业的一把手得知会是自己的对手得到职位,但是后来自己却得到了。这是整个过程中知识是否能称其为知识的关键。然而这个知识的本质却是极为复杂的。

这个例子似乎是对于知识的嘲讽,而不是严肃的探究。这里不仅信息的传输是彻底错误的,而且知识本身也流于一种谣言的性质和形式存在,而不是任何值得借鉴的、有价值的形式。

首先,Smith 从企业一把手处得到了反转的信息,这个信息为何是反转的?为什么没有任何一个机制可以制约这种信息的扭曲?甚至听任信息的任意性在这个例子中成为一种"世俗的常态"。Smith 一方面信任企业的一把手,乃至于将其释放给自己的信息作为证实知识的一个关键环节;另一方面又同时完全听任信息的反转,当了解到是自己而不是 Jones 获得了这个职位的时候,利益压倒了对"真"的良知的守护。作为研究这个毫无道德感的案例的作者,似乎将企业的一把手一方面作为可以任意操弄信息的一个超越的存在者,另一方面又将这种内外完全不一致的行为作为常态,但是却仅仅是知识论内嵌的一种矛盾。因此,从康德哲学的角度来看,这不是有关知识的讨论,而是有关社会基本道德的讨论。一个丝毫不受世俗的价值观念和基本道德准则制约的企业一把手的存在,直接颠覆了一个企业在招聘过程中有关"知识论"的哲学定义,从而造成了一个哲学上认识论的困境。当然我们不应当假设在任何一个社会中,道德或者法律可以及时有效地纠正上述问题,可能 Gettier 就是基于这个基本的前提,对于古典的知识论提出了挑战。

我们很难说这是简单的问题,如果知识论是单纯地讨论超出某一个意识形态的所谓"普遍"问题的话,我想任何一个敏感的读者都会感觉前后矛盾和不一致。我们这里必然得到的结论是,要么柏拉图的时代,这些道德问题并不突出甚至一般不会发生,要么就是知识论在任何我们熟知的社会都不得不面临来自关键信息源信息发布的任意性的困扰,从而导致知识本身被证实的过程,往往会遇到不可预测的困难。

假如企业的一把手面临一个知识证实的关键问题,试问他自己会在什么样的条件下让自己继续保持信息发布的任意性,而不是维持真实信息,不充分享受对信息加以任意扭曲带来的便利呢?

假如所有人一方面对于信息源充分信任,另一方面对于信息源所发布的信息又采取充分包容其不一致的态度,我们应该如何理解并且对这样的社会基础下的社会关系进行思考和分析呢?

显然这是有关本书关键问题的一个哲学思考,这个问题直接关系到我们对于现有的根本问题需要采取如何的方法论和研究路径加以研究。

在本书的多数部分,不对这个问题加以康德式的道德哲学分析,仅在少数章节对其进行一些描述。我们将这个问题放置一边,留待其他学科深入探讨。

Gettier 的另一个可能的设计准则是,将企业的一把手设定在一个超越的位置上。在哲学探讨中,如果将这样的一个位置赋予了非道德可能涉及的范围,其本身的哲学意味是经典的,而且可能更具有重要意义。

此时我们假设因为信息圈层的差异性,处于更为复杂信息漩涡的企业一把手是不应该也不可能被简单制约于一个职位申请者所认为的一般的信息不一致问题的。这意味着,至少企业的一把手是上位者,甚至还有被抬到更高位置的可能。如果无限拔高,这个案例的结构必然趋于成为自然科学一样的水平,此时,一把手就处于自然的位置上,其可能决定任何一次随机事件实际发生的数值,即其超越一般的人的关系,而处于决定者的位置。此时,我们不得不承认,一个客观概率被主观概率化了(引用主观概率的概念),主客观的边界被模糊了,此时达到了自然科学和社会科学相互交融的境界。

以这样一种思考的方法论开始我们的研究,可能更具有价值,因为这将使得近代以来大量的方法论得以顺利应用于我们的研究问题上。尤其是以博弈论为基础的诸多方法论和可实证的理论。

从信息理论来看,这个案例展示了一个不处于同一圈层的信息结构在一个知识论问题中出现时,可能出现的典型问题,也就是经典知识定义失效的基本现象。这就是我们开始本书研究的起点,人类工业化之后面临的成熟度问题就是从这个问题上开始出现在我们的哲学视野中。

在没有系统提及信息结构问题之前,可以从简单的角度来讨论这个问题的本质。如果 Smith 和 Jones 都处于同一位置,且二人能够充分共享相当多的信息,那么这类知识论问题是很少会出现的,这类似完全信息结构下的博弈问题,这类信息传输问题一般而言必须要有另外一个层次的掌握了较多非对称信息的博弈者或者自然的出现才能产生,从而出现我们这里面对的知识论矛盾。

本书其他内容将以这些重要案例的启示作为起点,来探讨成熟度中复杂的理论问题。

1.1.3 案例 2

案例 2:假设 Smith 对如下命题有强证据。

(3) Jones 拥有一辆 Ford。

而 Smith 的证据可能包括:在 Smith 在对过去所有时段的记忆中,Jones 都拥有一辆小汽车,而且总是 Ford;并且,Jones 在驾驶汽车的时候邀请 Smith 乘坐汽车。想象 Smith 另有一个朋友 Brown,关于他身在何处 Smith 完全不清楚。Smith 非常随机地选择了三个地名,从而构建起下面三个命题。

(4) 或者 Jones 拥有一辆 Ford,或者 Brown 在 Boston,二者必择其一。

(5) 或者 Jones 拥有一辆 Ford,或者 Brown 在 Barcelona,二者必择其一。

(6) 或者 Jones 拥有一辆 Ford,或者 Brown 在 Brest-Litovsk,二者必择其一。

其中每一个命题都是由(3)所推出。想象 Smith 清醒地认识到他所构建的三个命题的任何一个都是由(3)推出的,且进一步基于(3)接受了(4)、(5)和(6)。Smith 由一个他有强证据的命题正确地推出了(4)、(5)和(6)。Smith 因此完全可以证实他相信这三个命题中的任何一个。当然,在这种三个必择其一的命题中,他对于 Brown 到底在哪儿并不清楚。

我们现在可以完全想象出一个现实,使得如下的两个条件成立。第一,Jones 从来不曾拥有一辆 Ford,而他现在所开的是租来的。并且第二,纯属巧合的是,命题(5)中提到的地方正好是 Brown 所在的地方,而 Smith 对此一无所知。当这两个条件满足的时候,Smith 并不知道命题(5)是真,尽管事实上① 命题(5)为真;② Smith 相信命题(5)为真;且③ Smith 证实了他相信命题(5)是真的。

这个例子比起案例 1 来说,是对于知识定义更深层次的嘲讽。如果说案例 1 中知识定义产生的矛盾还是因为其特有的信息结构上的复杂所致,在案例 2 中仅有两个人,而且这两个人具有的关系也不是很特殊,他们仅仅是两个"一般"意义上相互认识的人。这种一般意义上的社会关系,更增强了对于知识定义的挑战。

Smith 产生的错误是那么具有一般性,这个一般性似乎内嵌在社会关系的某种制度上,而且这种制度似乎还和社会关系的一种所有制形式直接相关。这就使得我们的案例越发显得意义重大。Smith 是用自己的直觉和全部记忆来进行评判的,因为在 Smith 特别强调自己是一个法律或者官方的检查人员之前,他似乎不具有审查 Jones 财产所有权利所必要的法律资格。但就因如此,Smith 在启动官方调查程序之外,动用了自己全部的记忆和经验,却仍旧无法否认 Jones 和他的那辆 Ford 之间的法律关系,于是 Smith 还是犯了错误。这里面,几乎蕴含着某种必然性,也就是在社会关系中,人的直觉和记忆总有裂缝,使得非知识能够扮演知识的角色,却长期难以发觉。

另外一点纯属辛辣的讽刺,也就是 Smith 随机一猜就猜中了 Brown 的位置。这一点说明这个知识简直来自随机性而不是必然性,这是对于知识严肃性的最大的嘲讽,也就是刻意的无法证实和验证的知识却来自随机的一猜。

这个例子中毫无复杂的信息结构,却有着似乎严谨却总有漏洞的社会制度以及人的行为直觉和记忆的这张大网。我们只能得出一个结论,知识的经典定义毫无疑问,又一次靠不住了。而且更可怕的是,也没有什么改进的思路可以确保知识恢复"原来的"严肃性。

我们如果反思,那么可能是因为今天的所有权制度和法律体系太复杂了,以至于人类的思维、记忆和一般的直觉,无法确保自己在安全的知识范畴中运行。这可能是具有很严肃意义的一个问题。

1.1.4　一般结论

人类的知识在"知识"的范畴中无法确保自身的完美性,当然也无法确保其本身不陷于一种无法辨别真伪的状态。

这种结论是本质性的,即表面看来似乎可能克服的问题,在本质上却是不可能克服的。但是这似乎并不影响知识本身的效率性。

知识的效率性,即在其他条件不变的条件下,与完全不利用知识进行的人与人之间的交流相比,知识的利用带来了便捷和效率性。知识不可靠,这本质上是说其具有不完美地传递的性质,但是并不妨碍一种不那么完美的交流和传递。

知识与实践统一的意义Ⅰ:如果知识本身具有自我完满性,而且知识的传递在极端严谨的条件下可以达到一种"超导的"属性,也就是完美传递、没有损耗,那么必然产生一种近乎完美的真空世界。这里所说的这种真空是不存在的,如果用经济学的语言来描述,就是其本身的成本可能太高了,导致这种真空在实践中是不可能具有任何"商业价值"的。

知识与实践统一的意义Ⅱ:知识除了信息传递之外,还有本身的"真"的问题。即使其传递不会出现损失的问题,但是是否为真是一个更严重的问题。因为人无法决定真,无论是案例 1 中,决定"真"的"一把手"是一个实体的存在,还是案例 2 中,仅有两个参与者,但是事实上决定了"真"的背后的力量是完全隐而不现的,例子中也没有探讨甚至给出一个名字来确定这就是"真"的决定者。而人们寻找知识的核心目的是"真"。失去了"真",则知识毫无意义。然而"真"就是知识和实践相互统一的一种状态,也就是可能得到知识的状态。但是这些例子毫无疑问,对于

"真"的来源和本质都没有进行任何形式的追究,因此,就知识论本身而言,知识和"真",都是悬而未决的。但是很清楚,人在定义过程中,没有其他的实践哲学的介入,而仅仅通过逻辑和语义的分析,毫无得到"真"的知识的途径。这个结局很令人失望,但却意义重大,也是我们希望重点强调的!

1.2 成熟度难题在知识论上的问题及其本质

1.2.1 成熟度简单定义概括

本章不准备彻底展开成熟度所有的细节概念体系,仅仅对于基本的成熟度概念进行反思和梳理。下面分别列出技术成熟度和制造成熟度的简单概念,该定义引自张健壮等(张健壮等,2013),如表1-1和表1-2所示。

表1-1 技术成熟度等级(软件和硬件)

等级	描述
TRL1	发现并报告了基本原理
TRL2	指定了技术方案或应用方案
TRL3	用解析分析方法和试验手段验证了关键的功能,或证明了技术方案的正确性
TRL4	在实验环境完成了单机或原理样机的验证
TRL5	在相关环境完成了单机和原理样机的验证
TRL6	在相关环境完成了系统级和分系统级模型或样机验证
TRL7	在使用环境中完成了系统级样机验证
TRL8	制造了实用系统,实用系统通过试验和验证,技术满足系统性能要求
TRL9	实用系统成功通过实战使用检验

表1-2 制造成熟度等级(软件和硬件)

等级	描述
TRL1	确认了基本的制造需求
TRL2	指定了制造方案

续　表

等　级	描　　　述
TRL3	制造方案开始了验证
TRL4	获得了在实验室环境中产生技术的能力
TRL5	获得了在生产相关环境中制造单机样机的能力
TRL6	获得了在生产相关环境中制造系统级样机或分系统级样机的能力
TRL7	获得了在生产代表环境中制造系统、分系统或单机的能力
TRL8	试生产线能力已经验证,准备开始小批量试生产
TRL9	小批量试生产得到验证,已经具备了批量生产的能力
TRL10	全速率生产得到验证,精益生产方式得到确认

1.2.2　知识论角度的一些结论

从知识论的思考角度,深入研究和实施成熟度的理论可以提出很多有价值的结论。

技术成熟度的问题:技术成熟度,既可能针对某项首次发明的技术,也可以针对逆向工程的技术而言。TRL3级别表明已经从理论推导到实验室验证,已经可以说明某项潜在的可以被确认的功能是"正确的"。

从案例1的角度来看,此时一旦某一项技术开始出现,那么从信息结构来看必然分化出一部分深入了解该技术细节的人,以及不太了解技术细节的人。如果是首次发明,那么前者可以说是发明人或者其助手,后者是外行或者同行中并不了解细节的专家或者辅助者以及管理者。为了行文方便,我们分别称为发明人和外行。从案例1可以看出,此时从知识论角度来看,发明人对于整个信息的结构处于主导地位,外行无论如何都无法对任何有价值的结论做出逻辑性或者非逻辑性的判断。这构成了整个TRL3级别成熟度最关键的知识论结论。

从案例1,可以得到一系列结论,例如:

(1)从外行来看,得不到任何有效的知识定义;

(2)内行的知识定义,对于外行来说,如果不是系统性地传授,那么其本身也无法构成知识;

(3)内行已经可以定义知识,但是这些知识,鉴于前面(1)、(2)的特征,很可能并不被外行认可,也就是其正确性无法确认或低成本判断。

从而，内行可能构成对于外行的愚弄，反之，外行也可能依据其被愚弄的频率，以概率形式认定内行为骗子。这将陷入一种不信任的怪圈。即使如此，内行也没有动机将自己的专门知识以廉价方式传授给外行。一般而言，最终的结果就是：如果发明人没有足够多的资本来继续开展后面的技术成熟度验证过程，知识将被锁死在发明人那里。

对于一个逆向工程的项目而言，一切都是按照程序来进行逆向工程从而加以报告的，因此可以分为两群人，实际操作者和外行。实际操作者群体对于逆向工程的整个过程比较熟悉，尽管未必完全了解所逆向的对象，但是对于这个技术的进展比较了解，从而掌握了相对于外行而言更为精密的细节，对于TRL3级别的原理也更能深入了解。但是因为不是技术的发明人，而是一种程式化的破解，因此他们的知识层次较低，很容易形成知识化的系统性的文字描述，从而很快被外行中的专家同行掌握，因此造成的信息结构上的鸿沟不大，可能很快弥合。从知识论的角度来看，这类知识结构对成熟度的验证和评定比较有利，可以避免造成过度的知识定义上的障碍。

1.3 成熟度概念及工业化背景下的相关问题

1.3.1 成熟度概念对于高端精益产品项目的意义

本节不展开通过具体的实例来讨论，仅从理论上简略陈述知识论的基本观点，以及其对高端项目的一些启示。首先从设计环节来看，高端项目的设计是极具挑战性的，其不仅仅在总体架构上需要复杂的知识和想象力才能完成，就算在整体架构已经确定下来后，在基本框架内部设计并填充具体的功能性部件，对于复杂的飞行器设计而言也存在很大的挑战。在有限的空间和重量限制下，实现既定的功能性苛刻要求，必然需要在无数种选择中进行权衡和艰难的选择。一些必须要达到的标准和要求不仅仅需要简单地在设计上突破，更需要在诸多矛盾中，选择需要攻克一些既有的技术性指标困难，才能达成预想的设计结果。因此，一项如此复杂的大型高端飞行器的设计阶段，不仅仅需要对现有技术充分发挥，还需要在有限的时间内考虑一些基础研发问题能否取得突破性的进展。即使有国外的现有技术可以通过购买来获取，仍旧在成本上存在相当多权衡的考虑，在昂贵的技术转让面前，越是充分发挥购买技术全面的效能，减少不必要的开支，越能在有限资金限制条件下使整体的性能达到更好的水平。

1. 知识的不确定性

然而从知识论的角度来看，这些权衡中多数问题都并非能在事前取得精确的数量上的估计。例如，在购置未必相容的某种特定功能的技术或者元件时，其最终是否能够达到预想的设计标准,或者其与其他组件之间的相容程度如何,整体效果最终会出现多大的误差等问题,在研制或者购置之前都很难取得精确的参数。只有在特定的样机装配好,测试期间,才可能得到一定环境下的样本数据,供进一步设计和调教参考。但是这些参数仅仅是特定环境下的样本参数,而且在接下来的生产环节中是否会出现进一步的生产问题,在实际的飞行环境中遭遇极端环境会出现怎样的状况,在一定时期老化和疲劳的状况下,又会出现哪些可能的问题,都是设计阶段需要深入研究的实际问题。而实际上,从其理论本质上来看,也同时从实践中来看,设计阶段的大量问题都很难在设计阶段发现,只有在具体的实践中不断改进,才能得到更好更完美的设计模型。例如,德国在二战期间紧锣密鼓地密集推出了一系列空中和陆上的大规模军用装备,这些装备很多都是设计阶段竞赛和评估优胜的模型,但是在经历实践检验之后,无不经历了多次改进和升级,才逐步展示出其设计的优点。在没有进行改进的相当多的初代产品中都出现了很致命的、预想不到的设计缺陷。但是这些缺陷很多在设计阶段是不可能发现的。

  人们有一种印象,似乎自动生产机器的比例升高,或者无人生产车间的普遍化,会导致质量的提升。无人生产有助于减少既定设计方案下误差的方差,因为人的参与可能减小但更可能提升这种方差的大小。一旦托管给机器自动运行,那么某一特定的设计可能就会产生更高的产品产量和稳定的质量方差。但毫无疑问的是,没有任何可能带来超过技术方案的质量提升的可能了。唯有在特定环节加入人的创造性,通过深入的实践发现改进的途径,不断提升质量的行为,才是唯一改善质量、使得设计不断改进臻于完善的必要活动。而单纯的自动化生产并不能带来任何质量的提升,或者潜在的任何改善。很多高级工艺的达成,不仅不能使用完全的自动化生产,还需要人的长期的经验才能达到更好的效果。如果任何一辆千万元以上的高级车辆,都可以通过批量化的工艺来生产,并且同时可以得到稳定的、超越家用车辆的性能,那么所有的普通厂商都会瞬间转产高性能车辆了。这从理论上和实践上都是显而易见的,高性能的达成并不是容易完全自动化或者排除人的高水平劳动能够得到的。因此,先进的高级生产设备或者机械装置,都必然有一个从较高的人工参与度到较低的人工参与、用机械逐步替代的过程,这个过程不是质量的上升过程,而是尝试探索是否可以降低成本达成较低的可接受的(可容忍)性能的一个质量降低的过程。

  因此,本质上机器自动化生产是一个产品设计逐步完善的终结阶段的产物,质量不再提升而探索下降到什么程度才可以达成不受影响的最低可用性的商业化过程。

  从这种角度来看,商业化过程是同质量提升的进程完全相反的一个过程,但是从设计研发的开始阶段就考虑商业目标往往是不切实际的,也是无法具有全盘的现实意义的。

2. 商业的目标

商业目标和质量之间有很大的差距。从商业的角度来看,对于产品而言,实现商业价值同实现现实中的可用性是紧密相关的。可用价值体现在有限的支付上有良好的可用性,而可用性本身是非常复杂而不容易定义的。一个典型的军用案例是 AK-47 和 M16 步枪在越南战争中的表现。当然在其他的场合可能会出现与此处不同的效果。AK-47 在热带泥泞的野战中,竟然表现出超越了 M16 的一些性能。突出的是因为野战中频繁进入泥水,M16 会出现机械部件卡死,或者其他严重影响操作的故障,而较为廉价的 AK-47 则因为机械部件结构简单,较少出现类似问题,因此在越南战争中表现出超过 M16 的适应性。这种操作上的性能优越性,即不容易出现故障,和 M16 相对而言所具有的射击精度高和操作舒适性好等优势比较起来,显示出更加适合越南战争的战地环境的特点。如果出现故障,一款基本的枪械就会置战士于极度险境之中,因此其他的性能便没有意义了。

然而在设计和制造过程中,这种极端的,或者说特殊的环境因素,可能并不是设计者考虑的内容,这种设计上的"缺陷"会造成具体环境下严重的问题。对于飞行器而言,这类问题可能在遭遇极端气候或者特殊环境的时候更加突出。因此,从商业的角度来看,在特定的战场上,一款造价较高的商品可能会败给一款造价较为低廉,但适应性和操作性能更为稳定的产品。达到一定的环境适应性是军用或者飞行器类的高端产品必须考虑的问题,如若不然,则任何一种特殊环境下的事故都会使一款产品声名狼藉,从而大大降低或者结束其商业价值。

尽管造价较高,制作也更加精细,但是 M16 在一些特定战地环境的国家市场中会被排除考虑。因为战地多有泥泞的状况,因此,这类枪械一旦开始出现类似问题,那么必然会遭遇商业上的滑铁卢,从而失去很多市场。

3. 军品和商业产品(民品)的差异

一般而言,军品的供应途径相对单一,军品可能出现一些问题,但是可以依赖后续的改进型进行替代,例如,美军在越南战争战场上出现上述问题后,立即对老款进行了改进,从而克服了一部分问题。类似的例子很多,军事行动依赖的装备其改进的来源相对单一,很少能够立即彻底改换装备的品牌和来源。德国飞机和坦克的案例也非常典型,德国坦克的型号随着战争的进行在进行迅速地改型、升级和尝试新类型,德国二战期间以其改进型的频繁列装而著名,其改进的效率较高,迅速使得早期的一些具有严重问题的型号被不断修正,也正是战争的实践检验和德国强大的工业能力才支撑了德国在二战早期的军事优势。因此,从本质上来看,一款产品,尤其是军品,或者可能军用的产品,可能面临的实战问题是在设计之初难以预料到的,因此必须经过严格的实战检验,并且在实战中竭尽全力不断进行改进,才能够加速其成熟,适应实战的状况,这种依赖工业实力的改进过程,是一般的商业运营所不容易短期获取的。因此,尽管二战失败,德国的军事工业转型后,仍旧长期处于制造产业领先的地位。

1.3.2 产业的问题和成熟度的关系

1. 精细制造的市场谱系

在现有的经济学范畴中,很少对精细的高端制造进行系统地论述,主要的论述都是沿着亚当·斯密开创的效率的思路展开的。精细的制造不是近代市场的主流,也不是现代社会主体消费者关注的内容,但是如果从更为全面的市场和产品角度来看,历史上大多数时间,市场都不是以效率优先为原则的,而是以精细的制物为价值导向的。

我们今天熟悉的效率概念是从亚当·斯密时代之后在欧洲兴起,其后东方文化式微,再渐渐进入中国的。

在农业社会中,仅有少数城市拥有较为商品化的市场,而多数的农业人口都处于自给自足的经济中。他们的消费品主要来自自己的生产劳作,而间接的消费品比例很低,因此,就整个社会而言,商品化的程度较低。城市中的消费也仅围绕着较高阶层的人口,仅仅较高阶层才有较大的消费能力。中间阶层人数不如现代社会这么多,也很难形成旺盛的消费能力。市场上的手工业品主要针对的是少数的高阶层人口,他们的财富水平很高,因此对于加工品的要求是极为苛刻的,与今天的产品生产社会对于产品质量的要求较低形成了鲜明的对比。

从整体来看,在商品化较为充分的社会中,一般商品的生产和加工主要针对的群体是大众,因为商品化已经完全将大众的衣食住行囊括其中,因此,最大的商品生产消费从较高的阶级下降到包含社会最多数人口的大众市场。这样的状况对今天的产品质量有极大的影响。因为生产者极为分散,产品成本很低,而原子化的社会中能够形成的维系产品高质量制造的力量是非常微弱的。政府监管和法律都是高成本的市场监管和运作工具,依赖法律或者政府部门实现对所有产品的监督,对于现代化充分原子化的社会而言,是不可想象的。

精细制造对我国而言是一个具有历史意义的概念,我国在历史上曾经是享誉世界数千年的精细制造文化的来源之一。我国古代的琴、器具、瓷器、漆器和衣物织物等都是世界级的精细制造的典范。因为前述的市场的阶级属性,使得历史上精益制造可能是完全不顾成本的。例如,工匠世家为了从竞争者中脱颖而出,需要积累数十年的经验,使用一个工匠的半生去寻求材料和工艺的完美。这些极度完美主义的行为模式,是我们今天的制造业难以想象的,但是本质上其代表了一种文化和工匠的内在动力和动机体系的形成机制。

2. 制物追求极致的完美主义

从本质上来看,一个极端完美主义的产品最好还是由一个人或者少数几个相互工作过数十年甚至相伴一生的人共同完成,才能尽量确保知识论上"真"的完美实现。这不是简单的推理的结论，下面将会介绍一些具体的人类制物的极致案例。

3. 工匠极致的完美主义来自何处？

完美主义来自内在的文化设定和外在的文化设定。外在的需要来自社会顶层，因此工匠文化对接社会上层阶级的文化诉求，需要满足的内容和维度呈现出完美主义的极致体验。内在要求——工匠所处的市场和产品生产对数量没有要求，而普遍对质量有极高的要求，如果出现一个质量低的产品，更不用说伪劣品，就可能导致整个家族为之蒙羞，甚至还可能遭受严重的刑罚，如连坐等。因此，在这样的氛围中，工匠必然趋向于更为精细完美的自我定位，丝毫不敢有任何松懈的态度。而因为产品数量很少，质量监管的社会成本有限，因此其所带来的社会监管总成本是比较小的。

古代都市经济聚集的都是整个帝国最为富裕的人口和家族，因此他们的文化风尚受到上层的直接影响强烈，故而整体上来看，社会上对于制物精细的崇尚之风是很强烈的，且监管一个城市或者少数城市的社会成本也是一个庞大而富裕的帝国完全可以承担的。从某种角度来看，其经济运行机制是类似于上层的。因此在帝国的主要大城市中，其流行的产品都具有价格高昂、质量精细高级的特点。

在本质上，我国在数千年中，都拥有生产高级、精细和先进产品的传统。仅仅是在近代，逐步进入社会经济落后的状况，才出现了假冒伪劣泛滥的状况。

4. 我国高端先进产品制造业面临的重要困难

从知识论角度来看，制造业的高端化和先进化诉求需要从每一个环节精细而完美的对于产品高端要求的努力来实现。而从每一个设计者、制造者和管理者的角度来看，如何完美实现一个高端产品的所有质量要求，是一系列具有极大差异性的认识问题。市场化的工作者以经济激励为核心，附带有深刻的社会文化自我认识。一个极端的例子是，对于市场化的完全外包的生产者而言，其最"完美"的执行合同的样式，就是按照市场现行的付出和回报，来度量其完成一个工作所付出的具体时间、成本和努力水平。其如果是一个完美的市场所定义的诚实的劳动者，那么其应该不会少付出，然而就市场化的原则而言必然也不会多付出。这就意味着，在这里所谓的"高端"和"先进"这些名词，对于市场化的外包者而言，已经是家常便饭地写给消费者的市场营销词汇而已，根本不会对其真实的努力和付出水平产生任何认识上的改变。其如果有所改变，提出更高成本换取更高质量的修改合同的诉求，那么这可能是市场化条件下，对于质量提升的最好的一种情景了。而通常可以想到的状况，必然是没有任何对于质量更高诉求的回应，但是就一般而言，所预期的偷工减料的水平应该在市场监管所能允许的平均值附近。即便出现了很严重的质量问题，也会与一般的市场现象一样，不会得到生产方的任何有效回应，除非有另外的行政处罚或者法律上触及其利益的有效干预。就现阶段市场化的外包市场而言，几年后才可能出现质量诉讼的追责行为，对于那些每个季度都在改变实际承担项目的工人甚至包工头的高度不确定的市场"主体"而言,追责是很难确定具体承担责任的对象的。这就是市场化的有限责任的本质之一。所有的行为,对于普通产品而言,如果能够躲过当即的惩罚,就几乎躲过了未来的一切惩罚。因为未来到底这个错误或者奖励会落到谁的头上,从生产过程中就可以预期,其大多都和具体的操作者不会形成有效的关联性。这同古代具有家族传承的工匠的机制截然相反,导致对于责任的追究是极其困难,同时也是需要耗费极大的社会成本来进行监管的。企业的名称、所有者、管理者和具体操作者在不断变换其名称的条件下,都必然产生责任的旁落。这样的根本原因是只有如此才能产生市场的动态性,才能不断地产生节约成本的机会,被节约下来的是法律的责任,产品质量也呈现出不断跌落的属性。从整个西方世界半个世纪的产品生产中可以看出,凡是竞争性的、不断以价格竞争为核心组织起来的市场化的运作,都具有这样的特点。我国的法律体系尚不完善,责任更难追究,因此,产品质量从第一代到质量发生较大跌落的时间,可能会比法治健全的状况下更短、更难以预测。

这其中的机制会在后续对应的实践章节中更详细地加以说明。

5. 成熟度的尖锐问题

成熟度的概念是以市场为核心的西方产业部门,尤其是军工产业部门在面临上述令人极为困扰的问题时所提出的一种应对方案。这涉及成熟度概念的历史沿革,以及20世纪70年代的现实需要。

20世纪70年代是美苏冷战的高潮期,从今天来看苏联的解体似乎说明了当时美国占据了优势。但是从20世纪70年代当时的实际意识形态来看,美国长期处于美苏竞争的下风,不仅仅是从经济、技术和军事产品上来看,还是从社会舆论和意识形态的风向来看,20世纪70年代都是美国面临极端困难的一段时期。这一时期的特点——传统战时的军工系统在市场化的经济结构中已经完全无法确保其正常运行,不仅亏损严重,而且管理上因为财政困难面临很多非常艰难的选择。没有战争经济的支撑,原本美国庞大的战争产业面临被放弃的困境。在探索市场化的军工产业发展的模式时,面临的一个严峻问题就是"充分市场化"的外包产品质量可能出现大幅下降的危险,这样可能无法满足美军的战争需要,但是因为没有足够的财政来源,无法维系原有的高质量装备制造业大军的持续发展。如何才能取得平衡?

一套能够部分摆脱庞大的军工负担,又能够在外包经济中维系一定质量的方案开始在美国的政治环境产生一定的吸引力。然而,这一系列的方案能够有效实施的并不很多,给美国军品带来的冲击也是不小的。但是在财政紧张的后续几个十年中,美国都不得不通过各种方式不断压缩军事部门的开销,转而希望通过简单的管理科学的办法来取得某种形式的平衡。然而,实践出现的问题还是很多。无论设计还是质量的大幅跌落还是在20世纪80年代之后出现了,尤其是在20世纪

90年代中后期,美军的技术升级出现了严重的瓶颈,之前延续了几代的技术进步的速度突然下降了。很难说所有的原因都是无关的,但是美国逐步放弃庞大的军事工业的原有模式,并逐步市场化的措施,在美国的学术界也很难否认其作为军事工业创新和质量降低的一个主要原因。如果没有成熟度的监管措施,可能美国的装备制造还会面临更为严重的灾难性后果,因此,对于成熟度的认可是美国的舆论和学术界比较一致的意见。从某种角度来看,成熟度等一系列措施,就是军工产业面临市场化冲击的一个还算有效的防御性武器。美国也因此愿意在成熟度理论和实践上花费较大的力量,来挽救其在军工市场不断跌落的领导者地位。

对我国而言,反思美国的经历,研究当下市场环境,是塑造真实的"高端产业"的必由之路,没有其他的捷径。

1.4 成熟度需要达到的商业目标

下面简单罗列了从商品角度来看其成熟度基本需要达到的商业目标。

C929相关的问题包含了设计问题、举国体制、商业化问题、实际制造问题,即具体的生产线问题。这里包含了一些很关键的问题,例如为了达到质量要求提升成熟度的水平,生产线到底是应该使用较长期的技术工人,并允许其不断改进,还是仅仅使用外包的动态包工企业来承担低成本加工的问题。

从高端制造业的发展历史可以看出,高科技产业的产品,其指向性和方向性具有突出的外部性特点。这意味着,决定这个产业发展方向的因素,常常不在设计产品的产业和学术界内部,而是被外部的因素所影响,从本质上来看,就是理论的走向不被维护理论的内部人(即学术界)所定义,而是受到了实践的影响。哲学上知识与实践统一的原理,显然在高端产业内部具有强烈的影响力。从实践来看,某一技术上处于非领导者地位的国家的制造产业,一般需要通过模仿、引进、逆向研发出类似产品。这些产品可能可以通过举国体制产生,但是要想取得一个产业的引领地位,上面所有的因素都要让位于具体的实践的因素。例如,军品需要积累战场上的实践经验,商业产品要取得各个国家消费者的实践感受和市场认可,不如此便无法取得实际的战斗上实践效能和突出性能。反映在商业上就是实践和市场是检验商业上价值的来源。

一般而言,如果一个产品不是通过上述的方式来取得其确定的实践地位,必然会出现问题,需要继续加以不断修改和重新生产。

就商用远程宽体客机的定位来看,其主要用途是商业,显然在商业成功之后也可以部分作为军用运输机采购的升级替代产品。在现有的大型客机市场上,已经有了成熟的专利系统,因此短期内很难通过专利突破的途径来获取未来的主要收益,因此,主要收益来源即:好用的、较为廉价的商用飞机产品以及满足更为定制化需求的系列产品等。这意味着,产品的成熟度将成为非常关键的商业价值的获取来源。一般而言,这类产品的成熟度非常类似一种其他类型的交通工具的替代性产品,需要保障高度的安全性、稳定性、易于维护性,尤其是经久耐用性。后者最为体现其长期经济价值,如果一种商业飞机能在二手市场长期保持其较高的价格优势,必然需要在较长期的使用中不易出故障,且具有高度的经济性和一定的舒适性。

第2章

经济博弈论

2.1 博弈论相关概念化的基本框架

本章重点阐述围绕成熟度产生的诸多非对称等基本问题。Harsanyi(Harsanyi, 1968a, 1968b, 1968c)尽管提供了一种求解非对称信息结构的不完全信息的方式, 即通过 Harsanyi 转换将其转变为不完美信息博弈,从而规避了不完全信息带来的不可克服的问题。但这个规避的更深层次的假设是外部的环境——也就是自然所笼罩的世界是可理性化的。这是一个大问题,在哲学上,这是很自大的假设,因为这个问题并无本质的方法来克服,所以 Harsanyi 在其论文中选择规避这一问题,而不是直面讨论这个问题。这就为未来解决类似问题留下了一个不可克服的、潜在的陷阱。尽管很多学者都在使用这个框架来解决问题,但是事实上这个方式并不一定是正确打开这个问题的钥匙,只是一个绚丽的假象。

为了集中精力研究与成熟度相关的问题,这里不再继续上述话题,而是主要集中讨论与成熟度紧密相关的几种基本方法和理论。上述问题也会在合适的模型中连带具体讨论。

无论制造过程内部,还是同市场相互联系的部分,或者在广义的企业的任何一个环节中,无不充满了一种重要的信息结构,即策略通信(strategic communication)的交互过程,这一策略过程从本质上对制造和技术成熟度有着理论上的重要影响。本章从这一角度来揭示成熟度的相关重要问题。

从 Gettier 的案例 1 我们可以看出,在具体的知识定义上的困难源自诸多复杂的现实状况,而理论上尤其是博弈论对这类问题的解析正是从一些关键的点开始的。本章用一个典型的模型来介绍,如何使用博弈论来解析成熟度内嵌的诸多问题的某一个方面。

信息的策略传输是博弈中的关键问题。就成熟度而言,在企业的边界内外(尽管不易划分)存在着诸多复杂的信息传输问题。即使我们仅仅着眼于狭义的企业内部,我们也不得不面临诸多不易分类的信息传输问题。而这些关键的策略性信息传输问题,是成熟度提升的本质和关键,也就是不同等级的成熟度限定了特定的结果论的成熟度指标。这里我们必须要明白,理论上是对于过程的解析,而成熟度是结果论的指标系统。如果没有充分解开黑箱,我们永远无法有效控制成熟度的具体等级,以期在有限时间内有效提升成熟度的等级,尤其是对具有挑战性的现实需求的满足等诸多问题。

  基本的、最为抽象的模型从本章开始,而后续各章将会就更加具体的问题进行博弈分析。抽象来看,我们讨论的环境中,任何一种具有等级地位意义的不同个体之间的关系,都具有策略信息传输的本质属性。无论是企业中层级之间的计划和任务完成的关系,还是商业上就某一生产或者服务所达成的契约的签订和执行问题,还是任何一种为了达成某一生产或者商业目的的人与人之间的抽象的、有目的的"契约"关系,都具有一些基本的策略信息传输的属性和相互互动结构。这种结构中,关键的问题可以阐述如下。

  假设为了完成一项任务,那么具体的执行人可能具有某些私人信息,这意味着因为具体的执行(如制造或者参与加工的步骤)而存在诸多可能的选择和具体的对问题本质"质量"的理解上的差异等,这些具体的信息,在博弈论的框架下称为私人信息,也就是非执行人不易了解的信息,这些信息包含的内容是琐碎的、细致的甚至私密的,很难以有限的书面形式进行完美的信息汇总和传递,甚至这样一种完全地传递信息的任务比较人物本身的完成都更加艰难和细致。因此,具有这类信息的个体我们称为信息传递者,即 sender,用 S 来表示。而潜在契约的另一方自然称为信息接收者,即 receiver,用 R 来表示。这样的信息状况我们很难说 R 就没有其独特的信息可能在博弈中发挥关键的作用(即结果论意义上的影响),但是在一个极为简化的模型中,我们一般近似认为,R 在谈判或者契约合作签订时拥有的是一种权力,具体体现为可以要求或者使用金钱的酬报或者使用权力的意志或者等级的权威等,能够在如此信息不对称中"有效"达成"自己的意志"。这里面关键的问题,从哲学上的抽象问题转化为一种经济学上比较具体且具备实用主义的关于"有效性"的探讨问题。这个转化是关键的,使得我们能够从效用角度来对假设理性的个体进行建模来解决类似的抽象问题。我们不应该小看经济学这种抽象化的解决办法,其优点是使问题变得可分析化,但从哲学角度丢弃的信息的确也很多,我们不对这个问题进行哲学意义上的探索,仅仅从经济学或者管理学的角度来深入,从而尽可能得到一些具体操作人员可能认为比较实用的结论。

  如果读者能够认同上述"S-R"框架对于这类问题的意义,我们下面就有足够多的工具来得到一些具体的分析结果,下面我们尝试将其应用于成熟度的框架中。

  S 经常发现,策略性地传递信息,或者说"分享"信息对于自己是有好处的。这意味着,自己不会将全部信息用于分享,但是也不会公然拒绝分享任何私人信息,这种分享是一种对于具体的信息细节的粗糙化处理。这种粗糙化的处理是有利的,不仅对自己,对于整体效率而言都是很关键的。

就 S 和 R 二者来看,其作为理性个体的目的必然存在差异,或者说利益的接近程度在不同场合中不同。这种差异性从效用理论来看,可以理解为二者对于关键问题的偏好不同,甚至这种不同可能导致更为尖锐的问题,例如,无论在签订合同时的讨价还价,还是合同既定条件下的具体执行问题上,一种具体的方案是否是"可行的",在具体问题中可能都存在差异,或者会引起严重的分歧,因为利益和偏好的差异产生的冲突很多,但是 R 未必全然了解这些关键的点,毫无疑问,此时 S 保留适当的信息,对于更好服务于自己的私人偏好或者说利益,这是有好处的。这些微妙的差异都会对成熟度产生极大的影响,甚至决定了一个产品——一个理论上或者设计上还算完美的产品,能不能在实践中真的完美,还是在一些难以预料的现实问题上掉链子,根本上来看都取决于这些微妙的生产或者技术成熟度上的差异性。我们用最简单的方式来对这个问题建立模型,我们采用 Crawford 等(Crawford et al., 1982)的模型建立基础的框架,来深入分析并给出一些具体的解释性结论。

我们沿用一种最简化的描述 S 的私人信息的方法,即 CS 模型法,S 观察到一个随机变量 m 的实现值,变量 m 的可微分的概率分布函数为 $F(m)$,其密度为 $f(m)$,值域为 $[0, 1]$。

设对 S 存在二次连续可微的冯·诺伊曼-摩根斯坦(von Neumann-Morgenstern)效用函数 $U^S(y, m, b)$,其中 y 是实数,代表 R 在接收到 S 的信号之后采取的行动。b 为一个标量,度量 S 与 R 二人利益的接近(重合)程度。类似地,R 的二次连续可微的 von Neumann-Morgenstern 效用函数为 $U^R(y, m)$。该博弈中,除了 m 之外其他的都是共同知识(common knowledge)。

为了简化求解过程,我们沿用通常的关于效用函数的偏导数的一些数学假设,对每一 m,以及对 $i = R, S$,对特定的 y 有 $U_1^i = 0$,且 $U_{11}^i < 0$,因此对于 y 和 (m, b) 而言 $U^i(\cdot)$ 存在唯一最大值,且 $U_{12}^i > 0$。该条件确保了对了解完全信息的个体而言,最优的 y 值是 m 实现值的严格递增函数。

该博弈的具体步骤如下,S 观察到自己的"类型"m,发送一个信号给 R。该信号可能是随机的,可被视为是 m 的含有噪声的估计值。R 对于 S 发出的信号进行处理,选择一个行动,从而决定了二者的收益。

该类模型使用的解的概念,通常只能是 Harsanyi 的贝叶斯纳什均衡。此概念一般来说是对纳什均衡在不完全信息的信息结构中的自然一般化,且是对于理性期望均衡在策略互动结构中解的概念的延伸。该概念确保了能正确理解博弈的参与人选择的最优均衡策略能够提取信号中的全部信息。或者说,该均衡概念确保参与者对每个人的条件概率信念都是内在一致的,或者说自我可验证的(self-confirming)。

下面用 Crawford 等(Crawford et al.,1982)的简练方式定义该博弈的均衡,并给出一些有价值的结论来进行讨论。

均衡包含了 S 的一组信号规则,记为 $q(n\mid m)$,R 的行动规则记为 $y(n)$,满足下面的条件:

(1) 对于任意 $m\in[0,1]$,$\int_N q(n\mid m)\mathrm{d}n=1$,其中博雷尔(Borel)集合 N 是可行信号的集合,且如果 n^* 在 $q(\cdot\mid m)$ 的定义域中,那么 n^* 是 $\max\limits_{n\in N}U^S(y(n),m,b)$ 的最优解;

(2) 对于任意的 n,是 $\max\limits_{y}\int_0^1 U^R(y,m)p(m\mid n)\mathrm{d}m$ 的最优解,其中 $p(m\mid n)=q(n\mid m)f(m)\Big/\int_0^1 q(n\mid t)f(t)\mathrm{d}t$。

条件(1)说明,给定 R 的行动准则,S 的信号规则对任一信息"类型"都给出了期望效用最大化的行动。

条件(2)说明,给定 S 的信号策略以及 R 收到的信号,R 依据贝叶斯准则修改其先验概率,并对任意可能信号做出最优的策略反应。

该模型同 Spence(Spence,1973)的非策略型信号博弈的文献有一些差异。Spence 的信号博弈模型本质在于设定了信号成本,即外生给定的差异性的信号成本,技术上使得在所得到的均衡中,博弈参与者存在完美的分类或者筛选(sorting)。此处模型中并未设定类似的成本,从而在均衡中有部分分类筛选效应。从而使得外生差异性的信号成本假设对于包含信息的信号并不总是必须的假设。

下面首先考虑均衡中行动集合的结构,其中 R 以正先验概率选择了最优行动,其后再考虑均衡信号规则。

令 $\bar{N}\equiv\{n:y(n)=\bar{y}\}$。如果 $\int_{\bar{N}}q(n\mid\bar{m})\mathrm{d}n>0$,则行动 $\bar{y}$ 是 S-类型 $\bar{m}$ 所引出的。

若 Y 为被某些 S-类型引出的所有行动的集合,那么如果 $\bar{m}$ 引出 $\bar{y}$,则有 $U^S(\bar{y},\bar{m},b)=\max\limits_{y\in Y}U^S(y,\bar{m},b)$。

不失一般性地,假设 R 采取行动的集合 Y,其中 n 的值不在 $q(\cdot\mid m)$ 的定义域中。

由于 $U^S_{11}(\cdot)<0$,对于最多两个 y 值 $U^S(y,m,b)$ 可以取给定数值。因此在均衡中,$\bar{m}$ 可以引出不超过两个行动。

对所有 $m\in[0,1]$,定义如下解的形式:

$$y^S(m,b)\equiv\mathrm{argmax}U^S(y,m,b)$$
$$y^R(m)\equiv\mathrm{argmax}U^R(y,m)$$

Crawford 等(Crawford et al.,1982)给出了如下一系列上述博弈的解的结论。

引理1：如果对于所有 m 有 $y^S(m,b) \neq y^R(m)$，则存在 $\epsilon > 0$ 使得，若 u 和 v 都是均衡中引致的行动，$|u-v| \geq 0$。且均衡中引致的行动集合是有限集合。

该引理很关键，说明了在假设条件下，如果使用的设置基本符合逻辑且能描述背景中的策略关系，那么除非参与博弈的 S 和 R 的偏好重合，否则均衡必然会将噪声引入到信号之中。

由于这里的模型设置，信号博弈纯粹是信息传递的策略行为，那么这种噪声的引入，必然不会是完美可逆的，也不是有效的信息传递。而且在特定条件下，必然没有信息可能被有效传递。这是该模型最为重要的意义。

下面为了描述分离均衡，给出如下的一些注记符号。

在 [0,1] 上有 N 个点 $a_0(N), \cdots, a_N(N)$，满足 $0 = a_0(N) < \cdots < a_N(N) = 1$，令 $a(N) \equiv (a_0(N), \cdots, a_N(N))$。不失一般性地，用 a 代表 $a(N)$，而用 a_i 代表 $a_i(N)$。

对所有的 $\underline{a}, \bar{a} \in [0,1]$ 和 $\underline{a} \leq \bar{a}$，定义

$$y(\underline{a},\bar{a}) \equiv \begin{cases} \operatorname{argmax} \int_{\underline{a}}^{\bar{a}} U^R(y,m) f(m) \mathrm{d}m &, \underline{a} < \bar{a} \\ y^R(\underline{a}) &, \underline{a} = \bar{a} \end{cases}$$

下面是均衡存在性定理。

定理1：假设 b 满足对所有 m 有 $y^S(m,b) \neq y^R(m)$，那么存在一个正整数 $N(b)$ 使得，对于 $1 \leq N \leq N(b)$ 中的每个 N，存在至少一个均衡 $(y(n), q(n|m))$，其中 $q(n|m)$ 是区间为 $[a_i, a_{i+1}]$ 的均匀分布，若 $m \in (a_i, a_{i+1})$，有如下的条件：

$$U^S(\bar{y}(a_i, a_{i+1}), a_i, b) - U^S(\bar{y}(a_{i-1}, a_i), a_i, b) = 0$$

式中，$i = 1, \cdots, N-1$；$y(n) = \bar{y}(a_i, a_{i+1})$，$n \in (a_i, a_{i+1})$；$a_0 = 0$；$a_N = 1$。

对上述定理的解释如下，b 为偏好相似度的参量，决定了正整数 $N(b)$ 的大小。当分隔为 1 时，分隔均衡信息传递是完全无信息的，而当其取值为 $N(b)$ 时，是最高的信息传输效率。对于特定的 b，如果两个参与者的偏好完全相同，或者如果对于特定的 m 有 $y^S(m,b) = y^R(m)$，存在性是比较容易建立起来的，但是有限性却并不一般性地成立。

我们这里简略给出一个引理的结论，即 $N(b)$ 趋近于 1 时，信息传输效率趋于最小，也就是无信息传递的状况。

一些容易举出的例子可以用来说明上述结论，特定设置下，当 b 趋近于 0 时，参与者的偏好趋于重合，此时的信息划分最为细致；而 b 趋近于无穷时，$N(b)$ 趋近

于1，就是信息传输效率最小的状况。

下面对本节内容进行总结和归纳。从数学上来看，上述模型和一个发生在现实中的"一般的"信息策略传递的模型还是有很大的差距，而且其所使用的数学模型化的设置也是可能想象中最为简化的一种，但是即便如此，还是从数学的复杂性尤其是策略均衡的求解难度上提出了一些不好克服的问题。这些问题经过一些比较强的假设的安排，得到了一些结论。就现有的相关经济学和管理学，尤其是博弈论的研究来看，仍旧沿着类似的道路来进行理性人的理论推演。这种研究方法有一些缺陷，但是就现有的发展来看，理论上对我们理解现实问题还是有很多的参考意义的。从我们研究的背景来说，信息传输如果存在非对称的信息结构，一般而言理论研究倾向于同意上述数学方法的结论，也就是在特定条件下存在均衡，尤其有意义的是在偏好类似的状况下可能传输的效率会比较高。这也是我们后续讨论诸多问题的起点，但是相关的研究者和实践者要清楚的是，偏好相似性仅仅是众多复杂影响因素之一，我们这里的数学模型其缺陷就在于很难将众多的因素同时或者部分综合地嵌入同一个问题中来研究，从而导致我们对于理性人的理解仍旧处于较为浅薄和片面的状况。而且因为数学的介入，从哲学来看，这样的问题不是缓解了，而是更加严重而且突出了。

2.2 从共同知识角度用博弈概念理解成熟度问题

延续第1章的理解，我们进入掺入部分技术性描述的博弈论的理解范畴中。

下面给出 Fudenberg 等（Fudenberg et al., 1991）书中的解释。这个解释可以说代表了一定比例的博弈论学者对这个问题的反思和理解。

首先，共同知识（common knowledge）的概念基于博弈论采取的知识（knowledge）的概念。

博弈论书籍中所采取的知识概念的描述如下：定义一个由经济学定义的代理人知道什么，采取如下的数学表示，即代理人 i 的信念可以表示为一个信息分隔 H_i。

模型中的外生不确定性可以表示为自然行动的一个有限集合 Ω 和一个共同的先验概率分布，且参与者 i 有关 ω 的所有信息用包含 ω 的 H_i 的元素（事件）$h_i(\omega)$ 表示。

上述基本描述可以解释如下，参与者 i 知道真实的实现状态是特定的 $\omega' \in h_i(\omega)$，但是他并不知道是集合中的哪一个。但是在特定的状况下，参与者 i 的信息分隔代表了他拥有的有关其他人的全部信息以及有关他们关于他的信息等。

假设集合 Ω 的所有状态都有正的先验概率，概率为零的状态被从状态空间中全部拿掉。

在知道 $h_i(\omega) = h_i$ 时，参与者 i 关于真实状态的后验信念为

$$p(\omega \mid h_i) = \frac{p(\omega)}{\sum_{\omega' \in h_i} p(\omega')} = \frac{p(\omega')}{p(h_i)}$$

即依据贝叶斯准则来进行计算得到的结果。

我们可以说,参与者 i 知道在状态 ω 的事件 E,如果他知道事件 E 的真实状态,即如果 $h_i(\omega) \subseteq E$,事件"参与者 i 知道 E"可以注记为 $K_i(E) \equiv \{\omega \mid h_i(\omega) \subseteq E\}$。

知识公理可以表述如下:如果参与者知道 E,那么其信息分隔必须满足 $\omega \in h_i(\omega)$,此时 E 为真。

依据上述对于知识的定义和设置,较为精确的信息对应于知道一个较小的集合,因此知识可以排除一些先验中本来处于可能状态的状态,从而缩小了其集合的范围。在这样的集合论定义下,知识就是较为精确的信息分隔或者分划。

推论:如果参与者知道真实状态在 E 中,那么他也知道真实状态也在 E 的拓展集合(superset)中。

事件"每个人都知道 E",可以注记为

$$K_J(E) \equiv \{\omega \mid \bigcup_{i \in J} h_i(\omega) \subseteq E\}$$

参与者 i 知道每个人都知道事件 E,记作

$$h_i(\omega) \subseteq K_J(E)$$

每个人都知道事件 E,可以记作

$$K_J^2(E) \equiv \{\omega \mid \bigcup_{i \in J} h_i(\omega) \subseteq K_J(E)\}$$

现在我们可以定义共同知识。

定义:事件 E 为在状态 ω 上的共同知识,可以写为

$$\omega \in K_J^\infty(E)$$

我们要注意,这个知识定义尽管应用广泛,但是其本身不是知识论的产物,而是知识论经由晚近的数学传统,尤其是集合论的产物。尽管这个定义在数学上遵从了某种知识论的定义准则,但是这个知识定义仍旧是较为狭义的定义的一种,由第 1 章的一般性探讨不难发现其局限性,这里我们不再展开讨论这个问题的哲学基础。下面我们着重向读者介绍,在这个传统下,所展开的博弈论的一些基本结构和主要结论。

至此,我们上述所介绍的知识以及共同知识的相关概念,已经足以提供理解本章 2.1 节的模型的基础内容。下面一些扩展性的概念可以帮助对于更深层次的博弈论基础理论有兴趣的读者,理解相关现实问题理论模型的方法论基础问题。

应用:共同知识在博弈论中发挥着基础性的作用,不仅决定了信息结构的基

本格局,也从概念上为多种求解方法和概念的合理性奠定了基础。

在一些博弈结构的设置和求解的过程中,我们会将对手之间相互对彼此收益的知识(决定了博弈是完全信息还是非完全信息)、对手之间相互认为对方是理性的知识(博弈理性人假设)且假设任意一人了解对方知道自己知道这些信息等无限递归形式,称为"共同知识"。

无论是对于博弈的基本信息设置,还是求解博弈的反复剔除严格被占优策略的方法,乃至对纳什均衡本身的基础性讨论,从文献和博弈论理论发展角度来看,一般可以大致分为内省推理法和外推归纳法两种思维路径,尽管二者并非完全相互排斥,但是从基础方法角度来看,所遵循的路径是有所区分的。

对于反复剔除严格被占优策略的方法来看,其紧密依据的是推理的论证方式,其依赖理性假设和共同知识假设。然而如果以博弈者反复轮流多次试错的思维方式来理解纳什均衡本身存在的意义,则公共知识的假设可以被放松,从而从"学习"等角度通过渐进的动态发展模式也能够理解纳什均衡本身的存在和形成过程。

然而当假设参与者具有经验外推和归纳的能力,仅仅需要学习就可能在减少对于彼此的信息和收益的知识的条件下,也可能达成对于纳什均衡的某种收敛路径。或者我们可以通过大量的参与者,或者演化的思路来类似理解这些可能内部结构相通的博弈过程的动态或者稳定解的形式。

但是如果我们限制了应用的场合,并不如此宽泛而一般性地讨论一些可能的解的概念,却强制要求在特定的现实背景中研究这类问题,那么我们就必须更为严肃地对待共同知识和理性等假设了,使用一般的教科书式的泛泛而谈,在讨论例如制造或者技术成熟度这样的针对一个产业或者企业的重大问题的时候,我们就必须审慎考虑具体的共同知识的现实分布,从而考虑其内在复杂的机制。

从本质上来看,成熟度的理论和实践模型都需要使用具体真实状况下的信息结构才能够说清楚,而任何一个模型都无法脱离共同知识的基本设定和理解。然而,本章却无法彻底将所有的状况在共同知识的标题之下穷尽,因此,只能在各个章节中,具体对共同知识的假设分别进行讨论。因此,本章就暂不进一步探讨共同知识的问题了,留待后续分别说明。

产业经济模型是揭示具体成熟度主要结论的一个重要研究分支,是后续章节主要模型的基础。其既使用到前面的基础概念和理论,也对具体的问题有特殊的定义和理解。这些理解并不一定具有普遍性,我们在后续的章节中将会逐步展开这些内容并加以反思。

第3章

质量分析框架的基本理论

　　对于像 C929 这样的高端、先进、商业化运作的航空制造产品而言,其所涉及的产业领域和采购制造过程之复杂是难以用单一的经济学产品模型所涵盖的,其涉及的产品部件、软硬件及服务等,综合起来形成一系列涉及数量庞大产品的质量问题。因此,诸多关于质量的理论和实践,在我们构建的基本理论及其模型中,都可以吸收并加以利用。因此,这里以一般机制为构架,建立起质量框架的理论和模型。

　　任何一个产品、部件和服务的质量,都需要通过某种方式来揭示其质量的信息,这一信息,即使在企业内部的生产过程中也是必不可少的,因为质量控制的需要,在企业内部也需要建立多种机制,从而达成对于任何一个重要的以及基础部件质量信息的揭示机制,从而在面对一个成熟的产品时,才能谈到整体的质量,而对于整体产品的成熟度的理解和测量也必然建立在这一整套质量揭示机制的基础之上。

　　任何一种成熟度的测度指标、评价和管理机制,都必然基于对现实中的产品和生产过程进行有效的质量信息提取,从而构建起某种切实可行的管理机制,进而因地制宜地进行有意义的等级划分。所以,脱离具体而准确的质量信息提取,任何等级划分的知识都无法落实到具体的管理项目和环境中;并且脱离了具体的环境和附属于其上的测度信息揭示机制,没有任何一种抽象的成熟度测度机制可以适用于所有的产品或者服务过程。就具体的实践及其所支撑的理论来看,没有适用于所有工业化国家的一般质量揭示机制,更没有适用于所有正在工业化的国家的一般机制。照搬一个企业的现有文本规程,是犯了"本本主义"错误,会造成从指导思想到具体管理实践的诸多错误。因此,我们必须要打开具体环境下产品和制造的黑箱,才能具体理解质量问题,以及其上的成熟度相关级别的精确把控问题。

　　本章着重研究质量问题的理论、机制和相关文献。首先讨论的是强制实施的信息披露机制及其与质量的紧密联系。其次讨论其他类型的信息披露机制,讨论的重点放在理论文献所着重强调的大量存在的第三方认证机制及其对于质量的贡献。

3.1 卖者的信息披露/揭示机制

理论文献强调了市场意义上的研究对象划分原则,故而这里称卖者和买者,是强调了市场的基本信息功能。对于卖者而言,较好质量的、自信的卖者往往有主动揭示自己产品质量,尤其是相对质量的动机。对于一个质量好的生产者能够胜出的结果,文献中可以称为"澄清结果"(unraveling result)。高质量企业通过首先主动揭示自身质量信息,从而使得自己在其他同类型产品中脱颖而出,这样的状况可称为"澄清",是一种差别化动机导致的现实中可观察到的有效的差别化现象。如果无法自我澄清,则高质量企业必然落入低质量的泥潭中,使得消费者无法分辨,从而高质量企业也无法销售高价,不得不降低自己的产品质量,混同于普通产品甚至劣质产品之中,这样在文献中就称为混同现象。

对于成熟度的关键质量问题而言,能否辨认现有的产品或者部件是澄清现象下的产物,对于产品的设计、制造和评价者而言非常重要。下面就详细展开相关的一些理论和主要结论。

拥有最高质量产品的企业在揭示产品质量信息之后,第二高产品质量的企业同样有动机揭示质量信息,如果这种趋势可以持续下去,就会不断有企业揭示自己的质量信息,直到最差企业,但是最差企业没有动机揭示信息。依据 Grossman(Grossman,1981)以及 Milgrom(Milgrom,1981)的结论,如果卖者拥有相比买者更好的质量信息,且揭示能得到有效验证的信息成本为零,那么卖者总会揭露这些质量信息。然而现实中,揭示信息的成本可能很大,这个"很大"与很多因素有关(从经济学理论常识来看,现实中的这类成本必然不能被忽略),而且所揭示的信息如果对于数量众多的无法有效辨别是非的消费者群体时,其行为也可能发生很大的变化,尤其是市场势力或者规制者有特殊的保护主义偏好的时候,这时释放质量信息的策略就未必总是最优策略,很可能出现劣币驱除良币的现象,逆向选择很可能发生。

3.1.1 自愿信息披露机制的条件

在消费者得不到这些信息的时候,卖者能够主动披露质量信息,一般而言,此时政府可能并未要求强制披露质量信息,或者要求的信息披露缺乏效率。

在现实中,很多产品市场都缺乏完善的自愿信息披露机制,要想真的达到上述"澄清结果"的自愿披露,还需要满足很多重要的条件和假设。一般而言包含以下几点。

(1)如果对该产品的质量评价能够存在一种有效的单一维度质量测度,且企业产品能够围绕该测度呈现出纵向可分的特征。这一条很关键,多数情况下,复杂产品很难有单一的质量测度产生,即使有也很难得到一致的认可,在一致认可的基础上,不同的厂商才会在这个维度上进行公开竞争,从而出现纵向的可以划分质量区别的"澄清结果"。一般而言,这样的状况仅仅在理论探讨上存在可行性,阻碍其实现的困难有很多。

(2)卖者需要有对于自己的产品质量的完善的私人信息。这一点很重要,即生产者或者销售者能够对于产品质量做到心中有数,也就是实施了非常详细的产品质量控制,从而得到了不仅仅是自己产品的较为精确的测度数据,还很可能了解自己在同类产品中的相对位置。

(3)信息披露是无成本的或者成本并不显著。也就是商业的信息披露机制已经比较完善,没有外部或者内部产生的对于信息披露的阻碍甚至威胁等。

(4)在卖者之间并没有强烈的策略互动,从而建立起了竞争性或者垄断的产业市场体系。这个策略互动的含义,就是不会因为策略互动,而影响了信息披露。这种策略互动的来源和样式很多,但是这里强调了无论是因为什么而产生的,总之其策略互动的强度不足以干扰真实信息的自愿披露。对于产业组织的现实实现形式有一些了解的读者明白,这在现实中是很不容易达到的。

(5)消费者有意愿为任何质量提升支付正的酬劳。消费者的能力、意愿、舆论倾向、当时的主流思维模式、政治或者传统特点等都会对消费者是否愿意为了质量出钱这个关键决策产生影响。从某种意义上来说,如果消费者不愿意为质量付费,那么很大程度上,质量的提升都很难通过外部机制来完成,即使政府强制要求制造商和卖者提供足够的质量信息,但是对于整体的质量提升机制而言,还是缺乏根本的动力和激励。

(6)消费者对于并未披露质量信息的产品的质量有理性的预期。如果消费者对于产品及其质量的预期来自某种偏见、视觉偏差或者任何一种不符合这里定义的"理性"的成分,那么事实上,消费者也很难达成对于产品的质量披露机制形成"澄清结果"的必要条件,从而导致主动披露机制出现问题和低效率的状况。

(7)在理论探讨或者特定条件下,一个使分析简化的假设是消费者没有差异。这个简化的假设的确对于整个模型的建构具有很大的意义,但是现实中是否真能够如此假设还得到合理的结果是一个极具争议性的话题。但是从某种经典经济学的角度来看,这样的假设在讨论很多问题时的确不失一般性,但是对于不同阶层具有不同偏好的消费者的消费行为进行区分和描述的时候,显然这样的假设就不合时宜了,这个问题我们也会在后续的研究中关注。

(8)市场中不同质量的产品的分布类型是公共信息。这个假设对于进行博弈分析很有价值,但是这个假设在很多理论分析上仍旧太强,也存在一定的争议,我们在前面对公共知识假设进行讨论时涉及过类似的问题。

如果上述假设不成立,那么让不同质量的产品卖者分离澄清的结果就很可能不会出现。在理论研究中关注的问题一般放在揭示信息的成本、市场结构和消费者在整个机制中的作用和意义。

3.1.2　揭示质量信息的成本

Grossman 等(Grossman et al., 1980)和 Jovanovic(Jovanovic, 1982)的论文说明了,如果解释质量信息存在成本,那么并不是所有卖者都会主动揭示成本,而仅仅当卖者的产品质量在某一水平(阈值)之上时,才会主动揭示。

以服务业为例,在美国医疗机构或者医院是否愿意主动向外界宣传自己的服务质量呢？被一些评价机制,例如,被医疗排名网站 healthgrades.com 或者其他排名机制排名靠前的医院,很愿意为这个结果付出费用进行广告宣传,而排名居中的医院一般而言都默不作声。这个例子和一般的研究结论是较为吻合的。

Jovanovic(Jovanovic, 1982)所研究的是卖者数量较多的市场结论,而这些基本结论很容易被延伸到如 Grossman(Grossman, 1981)和 Milgrom(Milgrom, 1981)所研究的垄断的市场结构中。本质上来看,揭示动机是依赖心存疑惑的消费者群体驱动的,而不是因为卖者的相互竞争关系才产生了揭示质量信息的动机。

Matthews 等(Matthews et al., 1985)和 Shavell(Shavell, 1994)的研究说明,如果获取质量信息需要成本,强制揭示质量信息会形成相反的激励机制,也就是在此政策下,卖者就反而降低了收集自己的质量信息的动机,从而使得整个信息揭示机制发生另一种形式的弱化。一个例子是,当强制要求药厂必须要披露自己发现的所有的药物副作用的研究结论时,很多药厂就会开始限制副作用相关的研究和投入,从而导致事实上披露也受到了限制并弱化了对于真实状况的揭示功能。Dranove 等(Dranove et al., 2008)的论文中有进一步的讨论和案例。

3.1.3　市场结构

不同的理论路径都证明,质量信息的揭示与市场结构存在联系。Board(Board, 2009)的理论证明,在特定条件下,双寡头垄断的市场结构无法形成对于质量信息的揭示,即使在披露信息的成本为零的条件下仍旧如此。经济直觉为,信息披露会加重价格竞争,相比于消费者能够感知到的质量,他们更为重视价格。这个规律可以说在很多质量被逐步边缘化的市场中发挥着很重要的基础性支配地位。这也是特定条件下,质量被长期置于被忽视地位的主要的下层原因。Guo 等(Guo et al., 2008)比较了同时揭示机制和序贯揭示机制,相比于同时揭示,在序贯揭示中,处于领导者的企业会揭示较少的信息,而跟随者则依据揭示信息的成本可能揭示较少或者较多。Levin 等(Levin et al., 2009)证明,如果产品在横向和纵向的维度中都存在差异,那么垄断卡特尔比双寡头更可能揭示产品质量。这是因为,卡特尔有能力通过质量信息的揭示来提升产品的售价,因此这种激励机制有利于形成"澄清结果"。

3.1.4　消费者的作用

澄清结果的出现,要求消费者一定要发挥应有的作用,才能形成有效的正向激励机制。

Faure-Grimaud 等(Faure-Grimaud et al.,2009)指出,消费者的行为是不可忽视的,即使由第三方来负责对质量进行评估,消费者如果不在意质量,那么卖者也会隐藏这些评级的信息。这样的例子很多,饭馆在没有政府强制的条件下并不会对自己的健康和卫生状况进行系统汇报。非常类似地,澄清结果在下述状况下不会出现,例如:当消费者不关注这些可得的质量信息的时候;当消费者看不懂所披露的信息内容的时候;当消费者对拒绝披露质量信息这一行为做出错误的(很可能是善意的但是简单幼稚的)推断时等,类似的相关研究很多(Fishman et al., 2003; Hirshleifer et al., 2004; Schwartz, 2008; Stivers, 2004)。

在上述任意一种条件下,消费者都可能不会将不披露信息的行为看作是"低质量产品销售者"的一个明显信号,进而低质量产品的卖者就不会再有动机披露足够的质量信息了。

上述研究解释了,在医疗行业中,很多医院都存在不进行医院质量评分汇报的现象,因为很多头脑简单的患者在没有得到任何披露信息的条件下,可能想当然地认为自己就诊的医院其医疗水平处于平均水平之上。

非"澄清结果"在消费者对于质量有异质性偏好的时候,也可能出现。Board(Board, 2009)说明,消费者的异质性会弱化竞争,从而使得双头垄断的市场结构中,卖者不会披露质量信息。

Hotz 等(Hotz et al., 2006)强调了消费者异质性,例如产品有一个纵向差异(质量)和一个横向差异(位置)的情况。在特定的模型设置下,如果消费者有更多的信息,会导致更具弹性的需求,以及更激烈的竞争,从而导致无论更高还是更低质量的卖者都不会再披露自己的质量信息了。

最后,"澄清结果"还通常假定消费者对于所有可能的质量的分布形态有完美信息,Milgrom 等(Milgrom et al., 1986)发现在特定情况下,披露信息可能会使质量分布向不利方向转变,从而挤压整个产业的消费者需求。典型的例子是,烟草行业不愿意披露抽烟带来的长期危害,即使对于一些危害较小的香烟也是如此。

3.1.5　质量信息披露失败的原因

使得充分披露质量信息无法实现的状况很多,还包括下面一些情况。

(1)认证标准具有不明确性,或者具有内生性(Harbaugh et al., 2011)。

(2)如果某次一个卖者测得较高的质量信息并加以披露,那么未来他就会害怕并且不愿意有强迫性的信息披露,因为其质量可能在再次测量时会降低(Grubb,2007)。这样的例子很多,即使在汽车产业中也是如此,即使生产者并没有刻意造假信息的动机,其也同样会担心一旦其未来所披露的质量信息有所下滑,那么买方的利润就会受到很严重的影响。

(3)很多非营利但不限于非营利的卖者会面临产能限制或者价格规制约束,这使得他们很难通过质量信息的披露获取利益,从而导致他们并没有很强的动力去主动披露相关信息(Gavazza et al.,2007)。在医疗服务和医院中很多就是如此,例如一些研究型医院或者机构,他们经常没有什么动力去主动填报或者汇报自己的质量信息。

前面我们综述了因为市场结构、消费者在这些方面不足够精明理智,以及异质性的偏好等,都会减损其主动自愿进行信息披露的动机。那么强制卖者披露质量信息的机制到底如何?前面相当多的研究都倾向于认为,强制信息披露的制度会促进竞争,提升消费者的短期剩余,但是以卖者的利润为代价。很多规章制度的历史告诉我们,很多质量信息披露失败的事情,在公共安全事件发生后,在舆论和政府的推动下,形成了一系列的政府强制命令,但是很多研究指出了,这些强制性的规定信息披露的制度并未有效提升大众和社会的公共福利。

Jovanovic(Jovanovic,1982)的研究指出,当存在较高披露成本而发生信息披露缺失的状况时,强制信息披露可能对社会是过度的,并可能会产生意料不到的后果,例如卖者可能会逐步减弱自己控制和检测质量的努力程度,从而形成事与愿违的现实状况(Matthews et al.,1985)。强制信息披露还可能产生其他的策略性行为,例如尽管促进了"汇报"的质量信息,但是潜在损害消费者的行为不减反增;又例如一些医院可能会通过遴选入院治疗的病人,来提升自己在汇报报告中的"质量",从而将很多重症病人拒之门外的现象层出不穷(Dranove et al.,2003)。这种损害消费者的案例在很多行业中都大量存在,但是能充分显现在公众面前的信息却并不多见。有的情况下还会导致对于高质量产品或者服务的"配给制"的出现(Gavazza et al.,2007),在教育和医疗产业中,高质量的产品或者服务的提供者面临产能的约束,从而无法有效提供充足的服务,这样就产生了短缺经济在很多类似的产业中频繁发生。更有甚者,当质量的维度不单一时,如果政府仅仅针对某一个维度进行限制约束,卖者会通过降低没有被规定的其他维度的质量来对消费者的实际福利进行挤压,从而导致更为严重而恶劣的市场结果(Bar-Isaac et al.,2012)。

3.2 第三方质量披露机制以及认证经济学

第三方的认证机构如果能够提供精确且无偏的关于产品质量的信息,那么这种第三方的信息揭示机制就能有效减少甚至消除政府强制进行信息披露的必要性。然而满足这些条件很难,有时第三方的数据处理过程会产生噪声或者偏差,有时存在明显的利益上的冲突,从而导致第三方的信息披露还是存在不少问题。

3.2.1 市场和竞争问题

理论文献强调了,上述问题可能会抑制第三方信息披露,尤其是在市场或者非市场的机制能够有效限制认证者利益冲突的情景中存在很多文献讨论。基于消费者反馈的质量评价机制,尤其会产生数据上的噪声和偏差。例如:Zagat 对餐饮服务的评价机制;Ebay 对卖方服务的评价机制;我国当前较具规模的电商平台都有较为完善的消费者反馈评价机制,便于对消费者消费之后进行简单的评价。

而这些消费者的评价机制往往存在较大的噪声或者偏差,其主要原因是:① 消费者评价质量的标准具有很强的个人特质,而这些标准也往往不稳定,不容易清晰表达;② 参加质量评测的消费者往往也并不代表全体消费者,而且实证研究显示出,不满的消费者的观点和态度往往被夸大并且在报告中权重占比有过大的倾向;③ 一些消费者因为害怕报复所以不愿意留下负面的评价;④ 消费者的评价也不容易确证,一些给出反馈的人甚至没有消费该产品,卖者也可能通过某些方式给自己的产品留下好的反馈而刻意给竞争者带来恶意评论,等等。多种不易核实的反馈在现实中多有发生。

Glazer 等(Glazer et al.,2008)观察到一些典型现象,例如,实践中,很可能会汇报一些简单的无关痛痒的问题,让卖者提升相关的产品或者服务特征,名义上为广大的消费者的福祉做了一些事情,但是会刻意忽略掉一些需要花费较高成本才能改善的质量问题,尤其是这些问题涉及的消费者数量可能是比较小的。

保险服务的健康计划反馈可能会激励保险企业改进预防保健方面的服务,但是必然在癌症病患的项目上提升很少的支出。研究者提出,可在特定的消费者反馈上通过提升权重来修正这类问题。Miller 等(Miller et al.,2005)提议,对反馈能够正确预测同行评级结果的人采取奖励措施,等等。诸多改进办法,不一而足。

一些公众性的事件将人们的注意力集中到认证机构之间的利益冲突上。安然丑闻事件使人们开始质疑企业的真实性问题,包括认证者所审计的财务报表以及所提供的咨询服务的真实性,都不再令人放心和信任。最终导致安达信(Arthur-Anderson)会计师事务所的破产,美国证券交易委员会(United States Securities and Exchange Commission,SEC)不再允许会计公司为相同的客户同时承揽审计和咨询业务。2008 年的经济危机将焦点引向了债券,证券交易委员会立即要求企业所有的公众债券都要由同一家认证代理机构来进行评级。四家主要的代理机构获得了评价债券的资质:Moody's、Standard and Poor's、Fitch Ratings 以及 Dominion Bond Rating Service。他们能够获取债券发行者的详细金融信息,从而为债券的购买者提供有价值的信息咨询。然而这产生了利益上的潜在问题,因为一家企业可以在不同评级机构之间进行选择,并为评级服务付费。这使得债券评级机构愿意提供慷慨的评级,从而为自己未来的评级业务的市场占有率锁定更多的客户。而反对上述观点的人认为,一家债券评级机构不愿意给出较差的评分的主要原因是,从长期来看这是一种在商业波峰和波谷之间的平滑策略导致的行为,但是这种解释无法说明为什么评级机构总是为新发行证券提供过高的评级。

竞争、商业信誉和外部监察能否减少认证者的激励错误等问题,是研究的核心问题。首先,竞争在这个问题上并不能给出确定无疑的答案,这也是众所周知的结论。

Albano 等(Albano et al., 2001)认为,如果在卖者投资之前,一个垄断的认证方就已经针对特定质量标准进行认证,那么质量信息的评分内容可能被认证强化。

在价格和评价标准上的认证者之间如果存在竞争,结论也可能是正向的(Lizzeri, 1999; Hvide et al., 2001; Miao, 2009)。甚至消费者已经有一些含有噪声的信息的时候,也可能如此(Guerra, 2001)。除非存在完全的竞争,一般而言认证企业不会有动机揭示完全信息,因为较为粗糙的信息评定可能使得认证人从低质量的企业那里获取更多利益。

另一方面,竞争也会造成严重的问题,当存在多个认证机构时,卖者会货比三家,尤其是当认证的具体操作是不透明的时候(Farhi et al., 2008),从而产生有选择性的披露信息,且在评估中产生系统性偏差的严重问题。即使当每一个单独的评价代理人都做出了自己认为无偏的估计的时候,总体上来看,因为竞争和选择性偏误,也会导致系统性误差(Skreta et al., 2009)。更何况,此时个体认证方还会刻意为了获利而歪曲信息。

3.2.2 信誉和动机

与前述竞争类似,信誉也同样不能保证总能纠正认证者的动机。即使消费者有能力对于所披露的信息进行甄别,仍旧需要很长时间才能辨别出到底是忠诚度的误差还是有意的策略性操纵导致的结果,而这会导致一些我们不愿意看到的均衡出现,在这类稳定均衡中认证方会采取策略性的方式,首先提供准确的信息,其后再充分利用消费者对于他们的信任来操纵市场,用信誉来换取收益(Benabou et al., 1992)。

Mathis 等(Mathis et al., 2009)受到经济危机现象的启发,证明了仅仅当认证机构较大比例的收入来自对于简单资产的评级业务的时候,信誉才会对于信用评级认证机构有效的约束力。而在较为幼稚的消费者构成的市场中,信誉的有效性变得更加可疑。这种状况说明了,简单的不熟悉复杂策略互动的消费者,很难仅仅通过策略互动来维系一个有效的信誉机制。或者可以说,对于一个已经可能下探道德底线的机构来讲,在没有外力监管的背景下,越是幼稚的消费者就越容易被他们欺骗和操弄。

Bolton等(Bolton et al., 2009)证明,考虑到认证者有动机低估信用风险并且证券发行者有动机货比三家,当多数消费者仅仅靠着评级的表面分值来决策时,认证者更有可能给以虚假的、偏高的评估,尤其是如果评分过高给认证者带来的预期的名誉损失较低的时候更会如此。这些文献都是在假设一个时间点,道德水准可能随时放松而不被明显惩罚的基础上,来讨论谁下探底线能获取的收益更多,而完全不考虑社会整体道德水准缺失会带来的长期灾难性后果。就本质而言,这些学者的角度和他们讨论的第三方有很多相似之处,也就是他们同样有动机避重就轻,而免得因为关键利益环节而坏了自己的长期生意。

特定条件下,信誉考量还有可能促使认证者主动汇报有偏的信息。例如,为车辆检查尾气的代理审查有可能放过不符合标准的汽车,尤其是当一个审查者能够建立起"检查松懈"的名声能给自己带来生意和利益的时候(Hubbard, 1998)。对待这个问题,很多当地的汽车营销商都会对尾气排放检查代理进行匿名的检查,从而扮演了认证者的认证者的职责,从而产生了谁来认证他们的问题。其他形式的外部监察机制可能会扮演披露他们相互冲突的利益问题的手段。Cain等(Cain et al., 2005)认为,这些信息披露机制可能还会适得其反,因为消费者不会如其所应该的那样仔细检审这些认证者给出的建议,专家的建议产生了盲目信任的心态,从而使这些认证者似乎得到了一种消费者给予的道德授权,从而更加肆无忌惮地使用这种信誉来进行策略性行动,更夸大自己的建议。

3.2.3 其他问题和机制

除了竞争、信誉和外部监测之外,这里讨论的另一种解决动机问题的方法是,将认证者同卖者隔离起来。简单直觉是,如果认证者能够不经卖者的默许就对其产品进行直接的评估,并能够将其评估结果直接卖给消费者,那么这种认证的动机很可能就不会是取悦卖者的。然而,这并不意味着,认证者必然会将全部的无偏信息揭露出来。

例如,金融分析师在进行股票分析评定时,可能会基于自己的职业前途和名誉的角度对信息加以扭曲等(Scharfstein et al., 1990; Ottaviani et al., 2006)。

即使没有利益冲突,Durbin(Durbin, 2001)认为,认证者也仍旧会很难从直接提供给消费者的信息中获取利益,因为没有获取这些信息的消费者一般会从市场的价格和销量等信息中提取有关质量的相关信息,例如,会观察到在获得好评的餐馆中会有排队的现象等,这些间接获取信息的人,他们并不会直接购买相关的指导性信息,如餐厅评级手册等,这些现象直接降低了对于评级人工作的需求,从而使得他们不容易从坦白的信息披露上获得好处。当然,从道德角度来看,这的确不足以说明为什么他们会对信息进行扭曲,但是不可否认但是,经济学角度的观察是,现实中他们会面临利益的诱惑。

小结一下，理论文献对于第三方认证者的精确测度质量的能力提出了诸多质疑，而且他们是否诚实汇报信息的动机也同样面临怀疑。对于他们的能力提出的挑战可以通过一些技术，能够对他们发现的噪声源头进行一些技术上的改进，但是后者，也就是诚实的动机，是非常难以解决的。因为这里提到的多种常见的机制，也就是竞争、信用以及外部监管等都难以做到对认证者的动机进行必要和有效的及时纠正。

这个问题是我们最为关注的问题，也是整个成熟度理论和实践研究的基本出发点。

3.3 质量和成熟度问题

如何对产品、技术或者制造过程等提供精确的成熟度定位，是本书的研究重点，本章节从理论上对现有的质量研究和质量相关的模型进行了分析和总结，提供了一些认识企业相关成熟度测度的基本视角和研究的基本思路。就研究和实践而言，我们要知道一些关键的结论，即从质量研究的视角而言，尤其是旨在进行成熟度具体实践的展开而言，这是一个极为困难的问题。其主要的困难来源，是无论作为一个抽象的市场的供给方（即卖方）而言，还是作为一个制造业的企业的决策者或者企业的员工而言，获取完整、可信的基础质量信息是极为困难的，至于对成熟度的一般测度而言，要做好随时面临多种信息的复杂状况的准备。如果一个企业或者买者的负责人、决策者或者管理者，过于自信地认为自己的成熟度是毫无疑问处于某一个水平之上的，那么其必然会面临不确定带来的巨大的危害。一个好的企业的决策者会非常清醒地认识到这一点，即使是世界范围最为成功的航空制造业企业，并且维持了上百年的制造业的经验、人才和知识的状况下，也很难对一个具体项目提供绝对的成熟度测度，而仅仅能够相对其他的竞争者而言提供诚实的对于产品的多角度诚实报告，乃至于愿意谦逊地花费巨额代价，来获取细微的、客户体验上成熟度的更多基础性调研数据，但是毫无疑问，没有任何一个个体或者机构能够在不花费巨额的信息提取费用的基础上完美把握市场的多方信息，这种对于该问题的基本了解，是我们面临大型、先进项目时必然需要了解的基本问题。

具体而言，上述复杂的质量问题的考量是开展成熟度相关问题的基础和核心。本小节作为本章的一个总结，承前启后，一方面引出成熟度面临的复杂博弈环境和信息结构，也同时为了后面的章节尝试按照顺序来解决这些问题奠定理论和概念基础。如果把成熟度大致分为三个阶段来看，则分为初次研制、重复生产和使用以及定型和改进三个阶段和步骤（袁家军，2006）。这三个阶段从质量管理来看具有重要的阶段性意义。

在初次研制阶段，大量的质量问题需要在市场之外解决，尽管如此，还是会有相当多数量的采购零件以及外包的代工环节会同商业化的市场直接接触。从某种角度来看，新研制的关键先进部件，可能同市场最远，但是从广义来看，企业内部的市场同样存在，上下游之间的质量检测和频繁的质检还是进行成熟度评估的关键环节。

在重复生产和使用阶段，大量的关键部件都需要同消费者或者准消费者进行接触，初步得到了很多未来商业市场上最为关键的一些客户数据，这些客户数据的初步积累以及建立起良性的信息反馈和披露机制，是对于成熟度进行全面系统考量和评测的最为重要的基础。

在最后一个环节，即定型和改进阶段，这个部分关于成熟度和质量信息的评估和决策是更为复杂的，一方面会出现来自不同角度的海量信息的冲击，另一方面会出现诸多利益相关群体的矛盾的、互相冲突的利益权衡和取舍问题，一个好的决策者此时能全面把握，并且做出合理和较为满意的决策。最优决策是极为困难的，能协调各方就已经很不容易。在本书后续章节会通过案例研究，列举工业革命直到二战期间的大型飞行器或者军事装备的制造成熟度管理发展中的典型案例，以提供一些切实可能参考的国家或者企业的决策经验作为具体实践的参考。

第4章

经济契约理论下基本模型

4.1 契约理论和不同维度的成熟度描述

契约理论(contract theory)、信息经济学(information theory)、激励理论(incentive theory)以及组织理论(organization theory)或者产业组织理论等,在二战之后成为学术领域中非常成功的一个领域,对于近代的经济学、管理学和金融学都有很深刻的影响力。几十年以来沿着这一领域获得诺贝尔奖的学者很多,例如Ronald Coase、Herbert Simon、William Vickrey、James Mirrlees、George Akerlof、Joseph Stigler、Michael Spence、Paul Milgrom、Jean Tirole等。

常用的教科书 *Contract Theory* 的作者 Patrick Bolton 和 Mathias Dewatripont 是近代经济学家中唯独崇尚正规分析(formal analysis)的观点持有者,书中说直到20世纪40年代和50年代,只有简单商品和服务的交换才以经得起检验的方式进行了正规分析,即 formal analysis(见该书 Introduction 部分)。他们暗示这之前的理论研究无论如何都不配上被认为是"经得起检验的",更不能归入"正规分析"的光辉队列。毫无疑问,这样的偏见在几十年间甚嚣尘上。尽管这本书的分析内容一般而言是作为研究生阶段的教科书的,但是其对于经济史的忽略甚至偏见,尤其是对于"契约理论"中"契约"思想的古典根源的简单否定是存在门户之见的。

契约理论从某种意义上来说是有针对性地解决成熟度关键问题的一个工具箱或者大本营,其中几乎所有的模型都与质量相关的关键机制和内在问题有相关关系。一个从事成熟度研究的学者或者具体工作的人员,如果不熟悉,甚至对这些概念不能熟练运用的话,那么很难说其在具体的展开研究和工作中是尽职尽责的。下面我们详细地对这些模型中最为相关的部分进行近观,总结出一些能够为成熟度模型所使用的具体规律和关键模型。

契约理论可能同历史上该词汇的含义不同,在近代特指一种使用数学化的具有约束的最优化理论来解决特定信息状况下的有效率的契约或者签订有效契约视野下的诸多现象的分析理论。而以契约作为理论名称的原因，很大意义上是从科斯定理(Coase theorem)*作为其出发点而言的。在科斯定理的简要阐述中，如果信息问题是可避免的，那么科斯定理的理念，贯穿了契约理论对诸多问题思考的基点。

该理论有两个潜在的假设：各方在博弈的终点所可能订立的契约，是独立于达成上述契约的讨价还价过程的。与这个假设相对照，现实中多数合同的签订都很可能部分反映了之前的协商过程以及各方的协商技巧。然而该理论认为，合同的主要决定因素如果是各方的目的、技术约束以及外部的观念和舆论等，那么将讨价还价的细节和过程加以理论上的抽象和忽略可能是合理的。这也是进行该类博弈论建模时常见的一些对于细节的处理方式和惯例。

另一个常被假设不起作用的因素是合同的执行问题。相对于其他的经济学派别，契约理论常被人诟病的也是这一点，它不仅并不考虑理论上合理的契约是否可执行的问题，也同样在假设中忽略了诸多执行问题和细节。当然从某种角度上来看，没有相当坚固的法律机制去强制执行一个理想化的契约，那么必然理性的个体所建立的契约，必然会有大量的、无法获取的剩余利益，无法在现实中实现这样的契约所定义的交换机制应有的利益分配模式。这是现实的经济学家所关注的问题，但是遗憾的是这里这个问题也被粗劣忽视了，因为有限的数学最优化问题无法容纳这么多不够理想的细节问题。

尽管有诸多经济学家所认为的遗憾，但是这个理论还是以较为简练的数学形式证明了不少现实中具有强烈直觉的现象，而为众多学者所重视。下面我们就其关键的现象作为线索，来着重讨论这些核心问题。

下面围绕三个阶段的划分进行讨论。如果我们把一个工人的收入进行一种大致的划分的话，那么存在不同的阶段，讨论工人的劳动与对于企业的贡献有所不同的问题。第一个阶段是工资很少，仅供维系生存，那么这种工资仅能支撑无创新的重复劳动，期望工人有较高的产品质量往往是无法达到的，也就是必须要使用更高的工资激励才能达成提升质量的目的。

第二个阶段是对于工人的基本风险有了一定的保障，但是这种保障距离完全的保障还远远不够，因此，工人可能会有一定的提升质量的动机，但是这种动机不强。提供较高的工资有助于提升他们创造性的发挥，而此时不用担心过多的工资可能带来偷懒等问题。

第三个阶段，此时工人基本上已经处于较为完美的保障下，但是他们可能会将自己的有效工作时间投入到创新工作，而不是偷懒，这个选择是比较关键的。

最后一个阶段是一种人们并不熟悉的阶段，据说工人的工资已经高到降低工

---

* 科斯定理的内容来源于1959年《联邦通讯委员会》与1960年《社会成本问题》两篇重要文献。

人的效率,而毫无可能提升他们的产品质量和创新之中了。这种问题因为在我国暂时并不存在,因此这里并不着重加以强调。

4.2 理论模型基准

劳动力市场的问题是本章模型解决的重点。对于不得不自行进行设计、制造的关键部件,必须建立相关的设计和生产部门,从而进行高质量的生产和加工。对于这部分产业模块的成熟度评价,需要基于相关人才的产业组织模型来进行研究。一个核心的问题是,关键的人才是否能够招募得到,这其中 Spence 获得诺贝尔奖的相关研究奠定了契约理论的核心基准,其设立模型的角度和思维模式,直接影响了相关理论研究的路径和研究方法,在其后逐步发展成为契约理论的多种分支。

如何对一个企业的制造或者技术成熟度进行评价是一个不容易的问题。如果仅仅以劳动力市场上可观测的信号来评定一个企业内部的主要技术或者制造团队的成熟度,则必然出现严重的错误。而对于一个既有的制造过程及其人员进行成熟度评价,必然需要从多个侧面来进行,而诸多因素中最重要的就是人的因素。本章从几个维度来对这些问题进行一些理论上的讨论,希望能够给现有的一些评价体系一些新的启发性意见。

4.2.1 信号博弈的基本思路和研究视角

Spence 对于现代的人力市场尤其是以教育为基础的人力市场提供了较为深刻的观察。他认为,雇主在人力市场选择人才进行雇佣,是一种存在很大不确定性的风险投资行为。在劳动力市场上,雇主在决定对其雇佣之前并不了解该个体的生产能力。而且在签订劳动合同之后一段时间,这一关键的能力指标信息也仍旧是不确定的。一般需要一段时间的在岗学习,才能逐步显示出来。而过了签约试用期之后,企业一般也很难再对该个体重订契约或者辞退了。因此,在有限时间内,充分了解这一信息,并且在具有很大不确定的条件下进行决策,是企业在雇佣人才时一种不确定性很大的决策过程。

企业面临的决策问题类似彩票问题,其所能观察到的是大量冗余且包含很多不重要信息的个人数据、特点和品性,而企业必须而且只能通过这些短期内能够获取的信息来决定对该个体的基本评定,从而决定其工资报酬的基本数额。

无论此时需要雇佣的是一个关键生产单元的工人和技术人员、工程师,还是一个关键的设计人员甚至设计主管等,其基本的逻辑都可能是类似的。尽管在很多情况下,部门的关键人员都是从本企业的长期工作中层层选拔出来的,但是一些外部招聘的高级技术人员也在不断增加,如何通过这样一个基本决策问题,来提升企业的成熟度,或者反过来,如何能通过企业现有人员的基本信息来对企业整体的成熟度进行评价，都是非常关键的成熟度评定问题。

如果无法通过既有经验在新成员的招聘中提升成熟度指标，也同样无法通过既有的信息对现有的企业、子公司以及生产部门的成熟度等级进行基本的认识和评价。这个问题是如此关键，而所需要的信息却如此庞杂，如何能理出一些基本的思路，一方面有助于企业提升现有成熟的等级，另一方面有助于评价一个既有的生产或者技术单元的成熟度等级，就构成了这里的基本问题。

从基础理论的形成来看，契约理论讨论问题的基点是 Spence 所讨论的这个内生市场过程，其中雇佣者要求潜在的雇员——即此时的工作职位申请者提交自己的信息，这些内容形成了一个决策理论上的"具有不确定性的彩票"，从而决定了雇佣者的决策，即是否要签订合同来雇佣这个申请者，以及合同中所提供的工资是多少。从契约理论来看，这样的一个过程决定了工作和个人申请者之间的市场分配问题。这个分配问题并不是一般均衡中所讨论的商品分配问题，因为其中信息的外部性和内生性并没有发挥主要功能和作用，因此不得不对关键的问题进行深入分析，从而通过信息结构的讨论，来重构"看不见的手"的具体实现方式，这里可以说，契约理论或者信号博弈是一个具体问题的变体，尽管其并非能够形成一套具体指导实践的操作框架，但是就其本身而言，迄今为止似乎还可以是通向较为深刻地理解该问题的桥梁。

市场的信息环境下，从 Spence 对于信息的理解角度来看，个体申请者对于自己的市场形象是有一定的影响作用的，因此 Spence 定义了两类信息属性。第一类定义为指标(indices)，是职位申请者不可改变的、关于自己的信息类型，例如，性别、民族、年龄等，这些属性一般而言不容易改变，要想对其实施有效的修正，可能需要的时间和成本都是比较大的，因此从市场角度而言，不是个体短期能够完成的。另一类属性就是契约理论重点研究的属性，这里被定义为信号(signals)，这一属性可能通过一定时间的成本的有效付出而获取，从而对于申请人来说，是可以加以改变或者操纵的。而这里所研究的博弈中的关键信号就是教育这个属性，通过一定时间和金钱的有效投入，教育这个属性可以通过特定的努力形式加以改变，从而使得自己的个人形象在这个维度上有一个非常重要的变化，这里指有效的相对提升，或者下降。

从博弈的设置来看，在雇主雇佣该个体之后一段时间的学习中，逐步能够掌握该个体的真实生产能力。这个假设是非常关键的，也就是对于整个博弈的后续求解是非常关键的。在 Spence 所讨论的上述背景下，一个 Harsanyi 意义上的贝叶斯博弈均衡，本质上暗含了进行决策的博弈中的雇佣者有足够的前期经验，这些事前的经验从不断尝试中的市场经验得来，从而使他掌握了一种统计上的条件概率的估算数据，因此在给定了 signals 和 indices 的时候，他可能对于未来签订合同之后的该个体的生产能力有一个统计上能够接受的估值。在任何一次具体的博弈中，雇主因此可以对此时观察到的某一个申请者的多种属性,通过上述贝叶斯方法得到其未来收益的一个类似"彩票"的期望收益,而这个计算过程的核心就是其所掌握的条件期望概率以及本次观测得到的申请者的一个单次抽样的属性数据。

从贝叶斯博弈的角度,这个依赖以往经验的条件概率分布就称为雇佣者的信念(belief)。

诸多申请者的 signals 或者 indices 中,最重要的因素有哪些?对于博弈而言重要的因素有哪些?这两个问题构成了这个博弈的基本框架。相对于信号而言,不可改变的 indices 当然有很多是非常重要的,但是因为这些因素不变,其对于雇佣者确定自己所提供的工资的多少,或者从申请者来看,自己未来是否可能得到这份工作,都是不可改变的固定因素,从而在博弈可能的变化中是不起什么作用的。正因为这些因素无法被人为改变或者操纵,从而导致如果仅仅是这些因素起作用,那么这个博弈就不会存在,因为每个人都没有操作的余地,而雇佣者也能够通过这些固定的因素,依据以往的表现直接了解每个人未来的生产效率,从而博弈消失了,竞争也大大简化了。但是事实上现实中存在诸多 signals,而这些因素都是可能被多少改变的因素,而这些因素都能同生产效率产生或多或少的关联,也就是他们展示出了生产效率在现实中可能被影响的诸多人为因素。这也为雇佣者进行遴选提供更大的不确定性和难度。而这其中,较为容易操纵的信号事实上不是 Spence 的博弈所讨论的对象,因为这些信号对于自己决策没有用,所有申请者都可能通过较小的成本改变这样的信号,从而使得雇主无法分辨,这相当于使得这类信号统一失效了。而只有成本较大的,或成本足够大的信号,才能构成有效的辅助遴选的一个标准,而 Spence 认为教育就是现代社会多数情况下的一类有效的遴选信号,因为改变教育的等级需要付出足够多的成本,从而导致事实上其可以对于遴选人才有参考作用。

但是这里我们要注意,类似于教育的信号很多都可能起到类似的作用,我们下面首先看一下教育作为信号的基本功能,之后再继续讨论类似的其他信号,在成熟度的度量中,也就是商业化的产业技术和生产过程中,可能发挥重要作用。

模型中一般会对特定的信号感兴趣,这也是 Spence 模型的假设,即很多信号并不能起到遴选不同的生产效率的个体的作用,一般而言,只有当信号成本同生产能力呈现出负相关关系的时候才能有效遴选出不同能力的申请者。

一些人完成教育的难度要比另一些人大,因此当取得类似的教育水平需要付出的努力差异较大的时候,就可能利用这样的特点来进行市场遴选。如果完成一个教育任务需要的努力对于一些人来说比较困难,那么他们可能放弃,也可能愿意付出巨大的努力来完成别人轻而易举就完成的任务,从而获得类似的教育信号。这样的状况下,使得企业的雇佣者无法分辨,从而也以正概率使得这部分付出很多的人得到企业的长期合同。然而在具体的工作中,如果能力较差的个体工作努力程度降低到自己的正常水平,也就必然比其他有能力的人的产出要低很多,此时效能比别人差的结果就会显露出来,从而雇佣者此时才会发现,自己所雇佣的是一个不称职的人。但是如果工作内容并不复杂,无法分辨高能力和普通能力的人,或者低能力者持续努力工作,也会使得雇佣者无法分辨到底此人是高能力还是低能力。

首先,教育本身同工作可能性质上具有很大的差异,其次,一个人的教育时间如果足够长,那么这个申请者可能已经逐步习惯了高强度的工作和生活状态,其本身也会以这样的习惯来为企业工作,从而使得企业同样得到了类似的生产性绩效,从而无法识别出这个工作者的实际类型。这样的状况很可能是一般的社会状况,从而使得这个博弈可能变得非常复杂,也可能在特殊状况下存在较为简化的分析路径。

从某种意义上来说,教育仅仅是一个遴选的过程,因为教育本身可能就其实质而言并不一定对于企业的实际工作有直接的替代作用,也就是教育的内容更多,也未必带来实际生产效率的提升,因此,我们说教育不应该过度强调内容的灌输的增加,而应该强调其遴选的功能性,也就是分辨性。如果能够限制学生的学习时间,就能有效分辨出来哪些个体可能是高能力的,哪些能力不足,从而减少通过增加努力时间,来冒充高能力的可能性。这样的机制尽管很难完成,但是通过一定的技术实践来加以推进是有可能的。

对于一个非常具体的工作而言,一种通常的认识是,在没有准备的条件下,如果能够进行一些测试或者短期学习,来遴选出更为适宜的工作者,从而使得企业能够通过较为低廉的成本来准确遴选出有能力的职员。就表面来看似乎这个计划是可能的,但是就整个市场的运作而言,乃至于从经济学的基本直觉而言,这是不可能的,即妄图找到一个廉价的信号,来替代整个高成本信号的教育市场和劳动市场的机制,是不现实的、虚假的,而且也同样是不可行、具有欺骗性的。

4.2.2 教育遴选分析

现在我们深入分析一下,教育本身在什么程度上具有上述假设的基本特性,即能力同付出的信号成本成反比。这里的信号成本,即给出特定的信号所需要付出的基本的以及个体的努力。这个努力可以是个体花费的时间,也可以是花费的金钱或者实际的精力的消耗程度,或者说是一种痛苦或者忍耐的程度。

在接受同样或者极为近似的教育模式的背景下,如果展现出来的信号成本能够呈现出类似上述的特点,即能力较强的个体能够花费较小的痛苦程度就得到一个信号传递所需要的成本,那么必然一部分人将被这种环境所定义的信号成本所淘汰,从而留下较高能力的个体,他们较为容易地在劳动力市场上具有压倒性优势,即拥有明确的能够优先得到工作的机会。此时,雇佣者不用太费力,就能得到真实不虚的信号,并且通过这样的信号能够稳定地获取值得信任的、可靠的、有一定能力的劳动者,其能够成功完成自己的工作计划,从而得到稳定盈利的机会也得到了保障。

但是这种理想的模式并不是所有社会场景所能实现的。在将竞争作为基本社会动力,用功利之心驱动的社会背景下,每个即使没有能力的人也希望能够通过任何一个竞争模式得到社会福利更大份额的占有权力。而教育和劳动力市场本身就是竞争社会基本的配置,从而必然身处其中的个体也会有极尽其能来竞争的合理动力,坐视他人轻松获胜不是环境所鼓励的基本观念。顺应这种需求,就会产生多种适应性策略,这其中最为显著的,也是这个模型中所针对探讨的就是能力不足者的适应性策略。这类策略在现实中有大量的具体实现形式,例如,家庭提供更多的有关学习的辅助性工作,从而使得家庭内化的教育用以补充不足以获取竞争胜利的自身条件的不足问题。这种辅助性的工作,包括家庭内部鼓励减少娱乐时间并且增加工作、学习等诸多形式的努力时间,投入更大的精力、家庭监督甚至强迫,实现更大强度的努力来替代现有的时间、精力和金钱安排。随之应运而生了大量的辅助性的社会服务的提供者,包括了诸多教育服务、家政服务以及难以避免的诸多占用时间的其他类型的服务,从而将有限的生命时间充分利用起来,参与社会竞争。这样的状况也极大促进了竞争的进行,形成了全面的、更为复杂的竞争关系。

例如,原来可能轻松获取信号的个体,在现有竞争中需要付出的努力也更多了。一些能力稍差但是得到家庭或者社会化服务换取了更大强度支撑的个体,从而必然同高能力个体的差异在不断缩小,他们也同样拥有了较好的教育信号。教育信号在遴选上不仅出现了多种复杂的变化,而且也必然出现了伴随着教育信号的更多其他类型信号的掺入,从而教育信号的本质可能发生实质性变化。

如果天赋的能力因素在考核中被后天的因素替代,那么原有的教育信号的假设必然不复存在。换言之,如果就天赋而言,换取教育信号的努力程度同付出的痛苦成反比,即能力越强痛苦越小。但是如果痛苦能够通过其他方式购买从而减缓,那么能力就不再和痛苦的余额成反比,甚至当痛苦可能大量购买的时候,就会出现能力和痛苦的余额成正比的局部统计效果。另外更为严重的问题可能是,人类的能力本身是多维度且极为复杂的,不是一般的考试或者教育考核所能充分挖掘的,从而导致可能教育信号本身就没有能力和痛苦成反比,从而特定条件下,叠加痛苦替代路径之后,教育的整体功能甚至效率就很容易失去了。

就上面所提出的问题而言,有几种特殊的状况并不能造成社会整体的严重问题。第一种,如果金钱替代痛苦的比例是很大的,也就是痛苦的替代价格很昂贵,那么能够支付以及愿意支付痛苦替代的个体毕竟人数很少,他们本身是社会财富较为密集的阶层,本身并不是竞争参与的主力,从而综合诸多角度,现实中他们对于某一个社会阶层的教育市场的影响非常微弱,也就是假设教育信号折算的痛苦程度和能力基本能够维系反比关系,当然这个前提是教育本身有足够的能力来尽量遴选人才,而不是尽量促进这种混同的现实实现。如果教育本身已经出现了一种平均主义或者混同的社会基本力量,那么其本身就没有提供教育信号,也就是能力同教育信号成本之间的反比关系的基本能力,从而也谈不上对于劳动力市场或者职业市场的基本功能的体现。

另一种有趣的变体是,教育本身并不提供遴选的功能,有能力的个体并不能通过教育得到任何有利的信号,也就是教育信号成本不仅不同能力呈现出任何正比例的关系,而且二者很可能没有关系,也就是教育仅仅是社会阶层的一种映射,不同的社会阶层"匹配"不同类型的教育,教育是一种适龄儿童乃至青年人的被社会阶层匹配的"服务",教育仅仅辅助性地提供一种标准化的为社会认可的教育服务,不进行筛选,也没有能力进行任何形式的筛选。社会阶层较高的家庭在教育中也显示出优越地位,而社会阶层较低的家庭在教育中就显示出劣势,这是社会阶层和社会势力的自然反射,而作为一个社会服务机构的教育实体,本身是为社会阶层服务的,根本不可能也没有能力提供任何形式的对于个体的超出社会阶层所定义的"能力"的评定,或者说此时的能力本身就是社会阶层的反映,而不再是任何难以定义的个体的先天能力的反映了。所谓的先天能力,不过是对于读写或者对于一些学科的适应力较强而已,这些都可以通过外部的环境来加以短期的弥补,只要需要,增加服务的强度就可以达到某种从考试中无法识别的类似水平。从而教育彻底失去了遴选的功能。从本质来看,这样的环境从微观来看是具有可实现性的。相当多的历史上的社会或者当代的不同国家和地区的实践中可以观察到类似的状况。

从教育实践来看,教育的阶层性是很明显的。随着社会阶层的演化发展,必然决定了不同阶层对于教育的理解、目的及其本质意义出现较大的区分,从而使得不同阶层也在教育上出现了明显的分化甚至分离。这样所决定的教育的具体现实博弈也发生了较大的变化,从而决定了劳动力市场上的诸多复杂变化。以上中下三层来讨论其阶层性质是不确切的也同时有很多缺点,但是下面不妨从这个常用的语境简述一个命题,即教育在不同阶层中的功能性差异巨大。首先就上层而言,资源的集中导致教育本身存在两个目的,其一是维系本阶层的稳定性,其二是个体能力的了解和探索。这两个目的往往并不统一,而且需求的强烈程度不同,就一般而言,第一个目的远远强过第二个目的。就该阶层而言,其本质上不存在基本的生存和与较低社会阶层竞争的需要,因此教育的目的第一是功利性的,第二是兴趣、利他或者娱乐性的。因此,满足功利性的教育就是维系现有的对于资源的控制能力,而这种能力所需要的教育显然同其他的大众教育具有根本的差异性,另外为了完成这个根本任务,这个阶层对于教育的投入意愿也远远高于其他阶层,从而内在、外在的需求都使得上层的教育很容易同中层产生本质的分化。

就中层而言,其多数的职业和阶层性质都是同社会资源的管理和使用相关联的,一部分个体是某些行业的栋梁之材,其具有相当的专业素养甚至家传的对于该行业的更多独有信息。他们的子女往往进入这些产业或者职位具有先天的优势,他们的家庭教育本身就是具有专业化的特点的,因此从专业角度来而言,社会大众教育显然低于他们的家族和家庭素养的平均水平,他们参与大众教育的积极性比上层阶层高,但是显著低于下层普罗大众的需求。他们对于大众教育的依赖程度较低,但是他们如果进入教育机构,也会因为诸多原因成为世界各国教育的优先争抢对象,因为这些个体本身的家庭知识如果叠加一般以上的个人能力,往往就成为大众教育的优等生。

他们的个人素养不仅能够提升教育机构的地位,也是教育机构能够不断向前进步的主要动力来源之一。

第三层占有社会的绝大多数人口(往往占有八成以上的人口),他们对于教育的需求旺盛,因为他们是教育机构的主要服务对象。教育机构对于第三层次的人口中有能力提供教育费用且有个人能力能够进入且完成教育的可能的人,具有一定的遴选能力,是 Spence 所讨论教育市场和劳动力市场问题的核心的博弈部分。

Spence 的论文写于 20 世纪 70 年代初期,当时正值美国将更多的第三层民众逐步纳入扩大了的公共教育计划的关键节点。在此之前的传统社会对于教育的基本理解,同此时显露出来的新问题具有显著的差异性。教育机构此时的功能,正在逐步从为中层为主的人口服务的社会机构,逐步转化为为更大多数的第三层社会人口服务,即为了遴选目的而发挥其教育信号功能,遴选合格的劳动力市场的基本功能的重要历史节点。

4.2.3 对成熟度所提供的基本知识和部分结论

首先,教育内容在不同的学校和不同的专业中是非常复杂且具有差别的存在形态,很难通过简单的、某种单一维度的内容来度量,但是一个成功的雇佣者所雇佣的申请人,必然受到了某种和自己的需要相关联的教育内容,并且因为其成功地接受了教育得到了良好的训练。首先这里的模型说,如果申请者所付出的教育信号成本同其未来的生产能力呈现出负相关关系,那么这样的一种教育就可以通过劳动力市场的有效鉴别加以识别,从而为雇佣者有效遴选人才。因此,此时雇佣者首先要辨别的是,到底哪些教育机构和专业所提供的人才具有这样的可遴选的属性,其次,形成一种能够操作的信念遴选,并且经过试错的经验积累和学习,构建起足够有效的遴选人才的机制,从而有效遴选了自己已经雇佣了的大部分人才,这样的一种有效率的运行导致的结果就是很可能这样的人才是现有市场中能够满足自己的需求的人才,但是提升自己所雇佣的人才的生产能力始终是企业未来经营更好的目标,如何逐步完善并且排除一些错误的机制,并且逐步能够通过经验建立更有效率的雇佣遴选机制,是实践中需要不断深入的问题。

显然,一些专业尽管其名称似乎是和自己需要的人才对口的,但是如果完全不满足上述的原理,必然其培养出来的人才也不是自己所需要的。这样的状况发生在我们的教育和人才市场上是非常广泛的,甚至,相当多的教育机构并没有足够的能力提供一种满足上述有效机制运行基本假设的信号机制,即教育信号的成本同能力成反比。甚至很多教育机构所培养出来的人完全和所需要的能力无关,这对企业而言是一种灾难,因为如果雇佣了这样的人,必然导致无论怎样调整自己的遴选条件,都无法有效提升未来的生产能力,因为机制完全失效了。

进行适当的遴选需要的经验,不仅仅是上面的这些基本的内容,对于人的多维度的考虑和了解才是构成一种更有效率的遴选机制的有效机制,在后面的章节我们将对现实的基本问题进行更为深入的分析和总结。

最后简略讨论 Spence 模型对创新能力的意义,这本质上是成熟度的度量问题所包含的内在问题。要注意一种创新匮乏的状况是,信号完全同需要寻找的人才特质没有密切关系,在这样的状况下很难遴选出合适的人才,甚至会出现严重的逆向选择问题。如果没有支撑培养创新型人才的教育模式,那么遴选的过程经常会出现类似问题,从而产生严重的错配和低效率。另外,创新是极为复杂的概念,很难通过一般的高等教育提供的信号来提供完整和有效的信号博弈来确定所谓的人才就是具有创新性的人才,我们将会对这个问题进行更为深入的分析,此时上面信号博弈的基本假设已经无法正常满足并有效实现了,需要引入其他的机制,可能复杂也可能并不复杂,但是毫无疑问,多数的雇主不愿意完全放弃前面所说的这些信号,在现实中就是如此,信号是有限的内容中非常重要的可靠部分,如果抛弃这些信号,几乎就很难找到其他的可靠信号了。这就是为什么信号在教育和劳动力市场上仍旧扮演着极为重要和关键的任务。

信号,仍旧是遴选一般的劳动者以及一般的工程技术人员的最为重要的核心的内容。而企业要想得到创新型人才,必然需要自己建立人才库,自己培养创新型人才,或者通过其他方式从外部寻找。希望通过简单的信号博弈一蹴而就完成对于创新型人才的雇佣是不可能的。这里的误区是是否可以通过外国的教育机构,或者通过外国的现有的人才市场一次性获得创新型人才呢?这一系列关键的问题,我们需要在后续章节依据实际背景针对实践的问题深入分析,来得到基本的答案。契约模型讨论的问题核心是市场环境下人才的复杂遴选、储备以及企业内部人才的晋升和契约问题。综合来看,维护长期创造力的源泉,从传统制造业来看最好由中层或者具有稳定专业背景的阶层承担。少数经过选拔的、能力超过平均水平的个体也应受到重视。生产力的主要塑造者阶层应该由稳定的职业工人或者工程师阶层来承担,而不应该放任将其放到不稳定的外包,这样对于整体的制造和技术升级缺乏有力的长期支撑。

4.3 大型客机和人才

经济契约理论对该问题的研究和反思构成了本书主要结论的一个重要的支撑点。从古典经济学的经济理论乃至于本章 Spence 所依据的契约理论来看，从教育市场和劳动力市场中得到可靠的人才储备并不是完全稳妥可靠的方式。就一般的产业而言，其对于人才的要求并不高，只要有一定的智商、情商乃至于努力工作的意愿，多少都可以把工作做好。

但是对于像高端商用大型客机这样的大型的尖端科技产品的制造而言，其不仅仅需要从开放的劳动力市场得到普通的、流动性很大的劳务人员，更需要的是能够长期投身于该事业的具有长期积累和创新精神的人员。积累几代人，不断努力，才能终有所得。我们将会在后续的实践性讨论中对这类问题进行深入细致的讨论和分析。

从契约理论来看，普通劳动力市场并不能支撑航空事业数十年乃至于几代人忠于该事业的技术科研积累性人才的获取，教育仅仅是信号，劳动是市场的高度信息非对称性和不确定性，无法确保所得到的人才能维系长久和具备创造性。不仅仅是高端创新性工作的人才，就是普通工程技术人员也无法满足基本的要求。这个结论可能令人惊讶，但是一个企业的核心人才的根基必须要稳定在一定数量，如果他们的子女还能够继承他们的积累，则会大大有益于这些事业的长期维系，而我国很多尖端和军工产业的积累，也是一些家庭数代人积累的结果。

第5章

激励机制理论下成熟度的概念和理论

5.1 内在机制和外在机制模型主要思路

除了在教育上存在大量文献之外,相当多的学者也将他们的研究转换到工作领域的研究。Etzioni(Etzioni,1971)说,当工人们发现有经济刺激控制自己的行为时,会感到"疏远""异化"和"非人化"。这种效应显然对于工作本身和企业乃至于社会都是不利的。Deci 等(Deci et al.,1985)花了一个章节来批评在工作场合使用回报来激励关联绩效的动机机制。而 Baron 等(Baron et al.,1999)尽管没有对这类机制进行直接的谴责,但他们认为计件的或者依赖绩效的薪酬机制带来的好处毫无疑问会被大大抵消,尤其是当这些机制毁坏了工人们的内在动机的时候。

Tirole 的研究分析了回报和惩罚的"隐藏成本",从经济和认知的角度来进行观察,而不是仅仅分析动机本身所带来的不利影响。他们的模型是如下展开的。工人面临的是采取某一个行动所带来的对于其收益的不确定性,该未知变量可以是他自己性格的某个方面,例如内在能力,也可以是手头工作的某个特点,例如该工作的长期回报,完成这个工作的困难性,或者完成这个工作是否有趣,这也涉及内在动机,又或者是这二者是否相符,也即个人能力和工作属性是否互相匹配等。一般而言,这个个体会接受这个任务,仅当其充分有信心于:其一,他有能力成功完成这个工作;其二,他能够获得一定净收益。作为结果,当人们对于自己的表现存疑,即对这种风险利害关系有所察觉的时候,就会产生强烈的动机来伪造与自我认知相关联的信号。在产出效能上给定努力和能力通常具有互补关系,他们会想提升自己的自信,以及自己对于这个人物本身的兴趣。这项工作的委托人对于该项目拥有既定的权利,从而可以从其所获得的收益上得到好处,而项目收益取决于代理人如何实施以及以什么程度成功完成这个项目的具体活动。

该博弈假设,在多数条件下,上面两方对于代理人是否适合这份工作都拥有一些私人信息。代理人对于自己之前的努力程度有较多的知识,并且对于具体的工作环境所掌握的知识也一般而言多于委托人,例如,自己所付出的工作努力的强度,那些依赖个人的性格的特性可能发挥作用等。代理人更了解该工作本身的一些私人信号,例如,该工作是否有吸引力,是否是一个很让人不快的任务等,这些信号可能来自第三方,也可能来自自己经历的其他类似任务,或者是自己开始执行这个任务时初始的感觉等。委托人常常有一些互补的私人信息,或者是有关任务本身,或者是有关代理人角度的一些信息。例如,一个教育者或者一个管理者,很可能更有能力评价该任务的难度,以及代理人的能力和成功的可能概率。委托人也更有能力评判这个项目是否有吸引力,一是关于这个项目执行过程是否是有趣,二是这个项目是否可能带来可观的收益等。尽管委托人对于代理人之前的表现所掌握的直接信息必然不如代理人自己,但是委托人可能更成熟或者有能力,基于自己曾经执行这类任务的经历或者观察很多其他人执行类似任务的经验,来做出较好的正确判断。这里所研究的问题是关于委托人掌握了和代理人自我认知相互关联的信息所产生的博弈问题。

当拥有私人信息的委托人做出决策,例如选定一个奖励,将一个任务交给代理人,或者仅仅是加以鼓励从而使得代理人更愿意去做这个工作,代理人是如何反应,其动机和策略发生哪些相应的变化呢?模型分析了,此时代理人会以委托人的视角来审视并了解那个自己。代理人将这些隐含的动机归因于委托人,或者用经济学的说法,代理人会努力从委托人的决策中推断出委托人的私人信息,Cooley (Cooley,1902)将其称为"看到镜中的自己"。委托人的决策对于代理人有几层影响,首先,从任务的完成状况来决定委托人的工资;其次,间接地通过其推断过程来施以具体的影响。这里使用了一种认知的方法来分析内在和外在动机的问题,假设个体从其周边环境的言行来提取他们所知道的有关自己的信号。这是该博弈的核心要点。

通过模型可以证明,报酬机制短期内仅仅是一个弱激励机制,正如心理学提出的,这里面存在"隐藏成本",因为当这个激励机制撤出之后,它就会显示出负面的激励作用。分析思路为,通过提供低水平的激励,委托人释放了对于代理人信任的信号。然而外在动机的回报水平是很低的,对于业绩的影响力很小,会降低代理人对未来类似任务所投入的努力程度。类似地,对代理人进行授权,有可能提升其本身的内在动机。相似地,让其他人提供帮助可能会对一个代理人的自尊造成很大的伤害,并且还可能带来依赖性。

一般而言,外在激励可能,但是不必然,产生负向的激励。激励酬金和惩罚有时候是可以产生正面效果的,有时候却会产生事与愿违的结果。"挤出效应"要求,代理人在特定的维度上拥有较少的信息,这一非对称信息结构在特定场合下非常重要,而在相对标准化的环境下则不太重要。而且需要满足"分类条件",因为委托人需要在下述条件下更愿意为之提供激励,即当代理人能力有限以及当工作任务没有什么吸引力的时候,这些激励变得非常必要。不然则会产生"挤入效应"。当担心一个回报机制可能会有负面效果时,需要考虑,回报的提供者是否掌握关于代理人才能或者工作任务相关的私人信息。正如代理人所思考的那样,必须要思考激励提供者的隐藏动机,以及是否这些报酬受到了他自己掌握的知识的影响。

除了低水平的激励机制之外,还可以研究委托人可能采取的并不与具体的任务挂钩的支付激励机制(有时候称为"烧钱")来传递自己对于该代理人的充分信任。这些机制的短期激励效果是不同的。降低激励方案(或计件支付酬劳)的斜率,提升了固定工资的基础部分的比例,形成了两种不同的方法,委托人的动机管理机制可以应用于均衡的契约之中。每种方式都有其具体应用的场合,但是对于内在动机或者长期激励而言,却是相似的。如果弱化业绩和报酬之间的联系或者弹性,那么两种信号策略机制都会降低工人之间的收入不平等,从而产生洛伦兹曲线上的差异性。

5.2 模型的主要设置、主要效应的概念化

本节主要讨论博弈设定和主要效应的定义。对上述问题的分析,采用 Tirole 的简洁模型,可以展开如下。设定有两个博弈的参与者,即委托人和代理人。代理人可以选择一个连续不断的行动,即努力程度 e,而其结果不仅会影响代理人也会影响自己的收益效用。委托人知道私人信息 β,可以为任务相关的,也可以为能力相关的,例如,任务本身的难度,或者有关这个代理人执行该项任务的能力信息,这个信息会对代理人付出努力 e 之后的收益产生影响。从这种角度来看,这个信息可以让委托人了解代理人的真实状况、动机和内在机制。在了解上述信息的条件下,委托人选择一个政策 p,这个政策的选择在代理人选择自己的行动及努力程度之前,这个政策可能是工资,或者同业绩相关的报酬、帮助、监督、代理权的授予、信息的揭示,或者是任何一种外在动机,可以直接或者间接影响到代理人的收益。在代理人进行实际选择之前,还会收到一个信号 α,这个参数是同 β 有关的信息,或者可能是 β 的部分信息等。

综上所述,这个博弈的基本描述如下:

第一步,委托人了解到 β,选择 p;

第二步,代理人收到 p,并且了解到 α,然后选择 e。

信心管理机制可以通过两种渠道出现,Tirole 描述为盈利性效应(profitability effect)和信任效应(trust effect)。

盈利性效应:当代理人的类型,即委托人有关这个类型的私人信息,进入到委托人的目标函数时产生的一种效应,表现为委托人为不同类型的代理人安排了

第5章 激励机制理论下成熟度的概念和理论

不同的薪酬绩效政策机制,即使这并不影响任何人的努力水平,也仍旧如此。

将雇员被授权的状况同雇员在监督下工作这两种情景相比较,前者状况下雇主的期望利润受雇员能力的影响的敏感性更高。给定其他条件不变,雇主会将更多工作委托给自己评价最高的雇员,此时代理本身传递了一个信号,这对雇员也是一个好消息。与之相反,在下述状况下,将不会存在盈利性效应,即当委托人的私人知识投入到完成该项任务而产生的成本,或者其他任务相关方面产生的成本,而这些内容仅仅同代理人的收益效用相关联,而不与委托人的收益相关联。

信任效应,或者不信任效应,产生机制与之相反,当委托人的私人信息仅与下面的参数相关联,例如成本,或者完成任务的乐趣,在委托人看来,该参数直接进入到代理人的动机问题中。本质问题是,委托人对于代理人的内在动机的信心有多少,或者说,在委托人看来代理人如何看待这项任务以及代理人自己的适合度问题。对于代理人持有坏消息的委托人,所持有的参数 β 将会是悲观的。对于代理人的参数 α 的评估,代理人害怕自己在缺乏进一步激励的条件下很可能不会付出足够的努力程度来完成这项任务。在这种悲观和不信任的状况下,委托人如果给出较强的动机政策,那么至少会部分揭示出自己的这些不信任的或者说毁坏性的信息。因此外在动机也会挤出内在动机,从而最优合同会受到这些权衡的影响,而表现出内在动机和外在动机的矛盾和冲突。

报酬的隐藏成本(hidden cost)。除了与上面两种效应相关的隐藏成本之外,还有很多其他隐藏成本的可能渠道。在讨论约定(engagement)问题上,Condry 等(Condry et al., 1978)认为,报酬机制经常会将人们的注意力从任务活动的过程偏离到获得报酬的成果上,也就是人们更重视分蛋糕而不是做蛋糕本身。对于再约定问题,他们认为,现阶段的报酬问题可能会降低个人坚持继续完成任务的意愿,因为这样他们就会重新调整自己的活动,目标不再是任务的进度,而是业绩本身。也就是很多人可能因为薪酬调整出现的动机变化,而发生动摇或者不愿意如以往一样继续下去的心态。个人受到短期激励的影响,从而丧失了长期收益。同那些不期望会有任何收益的人相比,受到短期激励的人们只会选择较为简单的任务。

然而这些状况也并不总是如此,例如个体可能不会观察和考虑到未来再约定的机会,或根本没有任何决策机会,从而可能挤出和减少当前的效率。

下面讨论任务的吸引力和信任效应。

专门讨论信任效应的模型,强调了心理学文献中提到的一种机制,即代理人在接受了奖励之后发现这个任务缺乏吸引力。

在委托代理模型的设置中,代理人选择是否要执行这个任务,或者选择是否要付出努力完成这个任务。为了完成这个任务,其需要付出的负效用或者说成本是 c。如果任务成功完成,代理人获得的回报为 V,而委托人获得的回报为 W。如果无法完成任务,则二者的收益都为 0。成功需要付出努力,但是付出努力并不能确保任务成功完成,令 θ 为代理人付出努力时成功的概率。

Tirole 建立的模型,假设了委托人在信息上的绝对优势,也就是,信息的非对称事关代理人决定付出努力去执行任务时所负担的成本 c,这里假设 $\beta=c$。这里暗含的假设是委托人完全了解这个成本 c,而代理人仅仅知道这个 c 服从一个概率分布函数 $F(c)$。代理人还得到了一个信号 σ,服从条件概率分布 $G(\sigma|c)$。这里假设较高的 σ 是"好消息"。

为了能够激励代理人执行这个任务,委托人提供了一个依赖努力程度的激励机制(当委托人可能观察到努力程度时),或者一个依赖结果的激励(此时委托人无法观察到努力程度)。委托人选择的报酬或者业绩依赖的奖金设为 b。

我们忽略掉一些技术性的细节,仅仅讨论在这样的模型设置下可能得到的主要结论,并基于结论,给出一些有价值的建议。

命题 1(Tirole)

(1) 一定条件下,报酬在短期有正向激励;

(2) 酬劳事实上是一个坏消息,因为自信的委托人仅仅会提供较低的工资以及奖金;

(3) 酬劳会损害代理人对于任务吸引力的评价,而且未来的任务的吸引力的评估总会被现阶段的这个酬劳降低。

上面命题 1 说明了信任效应的基本机制,也说明了此时内在动机和外在动机是如何产生冲突的。

"禁果"效应。在均衡中,较高的报酬是同没有吸引力的任务联系在一起的,因此,奖金或者努力可被观测的情况下,较高的工资本身会降低内在动机。相反"禁果"是最有吸引力的。最优奖金可以是零,甚至还可能为负值。

"错误的因果归因效应"。尽管分析显示出,报酬的短期动机效应会被信息内容所降低,但是也可以证明,外部观察者也可能低估了动机的力量。付出努力的概率以及成功的概率都随着成本 c 而减小,这仅对委托人的设置是成立的。在均衡中 c 随着奖金 b 的变化正向变动,简单将奖金和结果联系起来的观察者,可能会得出结论,短期内报酬是负的动机激励。内在原因是,简单以上述无条件关联或者回归形式思考,不能顾及委托人寻求代理人顺从自己,会提供较高的动机,然而最后代理人却成了最不可能为之工作的人。

"稳固性"。上面分析一直假设委托代理双方关系并不存在破裂风险,因此可能忽略了代理人参与的约束条件,即其可能退出。但是一般而言,上述分析还是稳定的,不会出现很严重的错误。

"立即重新约定效应"。当代理人不会反复执行相同的任务时,再约定效应就会出现。首先,被一项任务之上的动机传递的信息会扩散到相关的任务之上;其次,报酬可能会显示出立即的负向效应,尤其是当业绩测度是状态依赖的时候。仍旧以上面的分析背景为例,委托人初始时可以威胁代理人在业绩较差或者行为不良的时候实施惩罚,但如果假设检查技术的有效性存在随机的波动,那么代理人就可以发现,在做出决策之前,自己是否可能在行为不当的时候被抓住,或能够了解是否能够避免被抓住。惩罚威胁在短期内是有正向激励效果的,尤其是当代理人知道监督是有效的时候。但是类似于重新约定效应,当代理人认为可能逃脱监察的时候,威胁惩罚也可能仅仅只是一个负向的激励。

5.3 针对细分具体问题的模型和主要结论

本节介绍围绕自信概念定义的信任效应和盈利性效应。当委托人有关于代理人能力 θ 的私人信息,而不是实施这个任务的成本,一个不同于上面的新效应可能进入到代理人的推断过程中。这里当效应出现时,盈利性效应同信任效应发挥作用的方向是同向的。

这里的模型设置为,假设 c 和 V 都是共同知识,委托人和代理人对于代理人成功的概率 θ 的分布所了解的信息是不同的,委托人知道 θ 服从分布 F,而代理人了解的信息是不完美的,即仅限于 σ 的条件概率分布。代理人的努力程度对于委托人是不可观测的。

第一类情形,不存在一次性付款的情形。

前面讨论中,委托人所提供的合同并未包含任何一种不同业绩挂钩的支付形式,也就是一次性付款的形式。此时并没有盈利性效应,在委托人的收益函数中,b 和 e 是独立于 θ 的。

命题 2　命题 1 的结论仍旧成立,当委托人的私人信息和代理人的具有噪声的信号都同代理人的获胜概率 θ 相关,而同任务的难度 c 不相关。

命题 3　在两类型模型中:

(1) 在任意均衡中,委托人提供给更有能力的代理人较低的奖金,而给较低能力的代理人一个随机的奖金;

(2) 存在 NWBR* 精炼均衡,混同(pooling)均衡的概率和无奖金的无条件概率都随着代理人初始自信的增加而增加。信任效应促使委托人使用低水平的动机方案,且代理人越是自信,激励水平越低。

第二类情形,存在一次性付款的情形。

任意一个没有一次性支付的均衡,都可以成为一个有一次性支付的均衡结果,只要均衡之外的路径上有支付不携带任何信息的信念。

很多重要的情形中,一个一般性的工资安排是更容易得到市场和双方认可的,

---

* NWBR 即 never a weak best response,可译为"总非弱最优反应"。

由委托者提供一个或正或负的工资 a，以及当任务成功之后提供一项奖金 b。在对称信息假设下，一次性支付仅仅让委托人从高能力的代理人完成的活动所得到的"经济租金"(rent)中征收一项"税收"。与之相对应，在私人信息条件下，委托人能够用这个行动释放一个信号，说明他知道代理人获得成功的概率很高。其直觉类似于"烧钱"，支付的数量等价于超过雇佣一个低能力的代理人时所期望的更多的利润部分。而如果高能力代理人来执行这个任务，仍旧能够让委托人维持一个正的盈利状态。下面来说明这就是所谓的"盈利性效应"。

在合同为 (a,b) 设定下的多维信号博弈中有很多均衡。这一均衡集合的分析是非常庞大的，这里仅仅对其中的两类模型进行分析，因此假设代理人的能力或者为高或者为低，有两种类型。

命题 4 说明了存在分离精炼贝叶斯均衡(perfect Bayesain equilibrium，PBE)，满足 NWMR 准则。均衡是高动机激励的，也就是较高的 b 和较低的 a。

首先，这样的合同在短期内发挥了正向激励作用，因为合同使得低能力的代理人在持续付出努力，而低能力者本来是可以不付出努力的。其次，均衡下对于代理人是一个坏消息，且会永久性破坏其自信，无论这个任务会表现出什么结果。

上述结果同没有一次性支付的状况还存在一些不同。第一，奖金与在对称信息条件下的状况相同，因此有私人信息的委托人的博弈情形不会扭曲动机激励系统。第二，因为存在固定工资，高能力代理人的效用此时高于对称信息的状况。因此，业绩依赖的薪酬补偿机制被弱化，这一从主要模型得到的基本结果，以总回报中较低份额的回报形式展示出来，也就是回报在所有类型的代理人中的分布是较为均匀的，从洛伦兹曲线可以看出，具有一定的平均主义的效果。

此外很有必要对于烧钱策略的使用和局限性进行一些讨论。命题 4 揭示了动机管理的新维度，人们经常会发现，委托人大量烧钱烧资源，花费巨大的努力和时间说服代理人去挑战新任务，例如，花费时间进行很多谈话激励代理人，或者用其他的激励形式，或者各种信息，甚至未经证实的信息用于达成其激励的目的。

首先，模型分析表明私人信息条件下，盈利性效应不会出现；其次，烧钱是同业绩无关的。与之相对应，研究内在动机的心理学文献强调了与业绩相关的报酬。

一次性支付的另一个限制是其会吸引"不理想的类型"。例如，代理人中有很大比例是懒惰的，也就是他们的 c 很大，如果委托人无法分辨他们到底是勤奋的还是懒惰的，那么就会出现上述问题。

小结：上述分析分辨了信任效应和盈利性效应二者的区别，这使得在低水平动机激励和烧钱两种策略中，委托人的信心管理动机可以反映在均衡合同之中，尽管二者各自有其合适的应用场合，但是对于收入不平等和长期激励而言都存在负面影响。

本节具体介绍主要结论和讨论。

5.3.1 主要结论

在前面模型的基础上,重新讨论酬劳的隐藏成本。上述的模型基于经济学和认知心理学的传统,对于个体的信念和动机建立模型。另一种路径,沿着行为学派的思路,回避内在过程,讨论动机对于反应的直接关联性。

代理人在被提供了一个酬劳或者惩罚的时候,回应以内在的对外在动机厌恶的反应形式。Tirole 并没有使用这样一种"简化版本"的模型路径。尽管个体在面对环境的信号时,未必真的计算完美贝叶斯均衡的最优均衡策略,从而采取实际的行动,但是现实中很多证据显示,他们的行为是很复杂的,尤其是在倾向于对同他们互动的人们的行为和语言背后的动机进行解释的时候。更进一步来说,这一基于信息的方法提供了两种好处,首先,解释了为什么反应对于刺激是如此进行的;其次,这种方法也提供了可以检测的预测,即什么时候酬劳可能会有切实的成本,什么时候是不容易说清楚的。

因此,上述模型辨别出了一类拥有私人信息的委托人和倾向于通过合同类型来推断出委托人的动机的代理人之间的行为互动,从而产生了下述的各种有价值的思路。

首先,报酬对于内在动机产生影响。在对称信息的假设条件下,内在动机 $\theta V-c$ 和外在动机 θb 是可以清楚地分开的,而在非对称信息条件下却无法做到这一点。当代理人不确定自己的能力时,内在动机会随着外在动机酬劳的增加而减少。相似地,当他并不了解这个任务有多么费力或者乏味的时候,他对成本的估计也会受到工资或者回报水平的影响。其次,短期而言酬劳是能够产生激励作用的,但是从长远来看总会降低长期的激励。

上述结论及其解释机理同社会心理学的相关结论完全一致。从文献来看,酬劳的隐藏成本是基于自我视角和属性理论,即个体对于自己和他人的行为总在进行再评估的活动。所有这些理论的分支都强调了酬劳的信息影响价值,正如 Deci (Deci,1975)所说,每种报酬,包含反馈在内,都包含有两个方面,一个是控制方面,另一个是信息方面,二者提供给接受报酬的个体以有关自己的能力和自决意志的信息。

这些观念都强调了酬劳的再约定效应。Schartz(Schartz,1990)认为,再约定包含了两种效应,一个是其可预测的,其获得了某个行为的控制权提升了其发生的频率;另一个是,当其后这种再强化功能被撤回的时候,人们此时约定投入该活动的动机就显著低于再强化激励首次引入之前的动机水平了。

引入酬劳所产生的动机在短期和长期之间产生的矛盾,说明了下述的机制:一旦开始引入酬劳和动机机制,那么这种机制就会不断被要求或者索取,并被不断期望,每次有类似的任务时,就会重现类似的状况,甚至这些激励的水平需要不断升高其数值。或者说,通过其对于自信的效应来看,酬劳具有不断强化的"棘轮效应",这个棘轮的功能类似于自行车的部件,其具有防止倒转的棘齿,从而只能不断积累这种刺激的力度,而不能降低。从效用上来看,其本质上是具有内脏属性的(visceral factors),具有上瘾的属性。

这种不可逆转性,或者说棘轮的不可倒转属性,让了解其中机制的委托人忌惮于初始使用这样的策略手段,去擅自提供任何类似的报酬机制。即使偶尔提供这样的酬劳,用一个价格来换取代理人完成现有的工作,也会有类似的考虑。

对于上述问题,Souvorov(Souvorov,2003)提供了一个两阶段的扩展模型来分析。此时出现了一个新的效应,即代理人有一个动机表现出去动机化,即失去动力的状况,从而为了在未来可能得到更大的酬劳。该文章建立起该模型的三个线性属性,第一,在每一阶段,低能力类型被赋予了一个略微高一点儿的酬劳,前述命题1~3继续成立;第二,对于特定类型而言,酬劳会微弱地持续增加,从而与前述假设吻合;第三,对于每一种类型而言,委托人始终在位的情形下,初始酬劳会比委托人改变的倾向更低一些,其内在原因为,对于一个长期在位的委托人而言,其能够内化从而使得酬劳成为一种长期的习惯形成机制。

这里的结论同下述的讨论也是相互一致的,Etzioni(Etzioni,1971)认为:劳工认为通过报酬动机机制控制他们的行为的机制,具有"离间效应"和"非人性化效应"等;Kohn(Kohn,1993)认为:动机激励机制会使得人们对于自己的工作行为失去原有的热情和活力;而 Deci 等(Deci et al., 1985)认为:酬劳改变了原有的因果机制,从内在变为外在动机,这使得员工感觉乏味、抽离或者相互离间隔绝,心怀反对而不是感觉共同一致的一种被激发的动机状态。所有这些文献似乎都指向了类似的一种解释机制之中。

5.3.2　事前承诺相对于事后的酬劳

这里的模型分析可以帮助区分下述两个概念的理解,一个是许诺的或者事前的依赖业绩的报酬机制,一个是自由裁量权下的或者事后的酬劳机制。模型讨论了通过酬劳来控制行为的机制,委托人选择一个酬劳,针对代理人决策之前就已经议定且定义好的努力或者业绩。代理人依据理性对于酬劳机制解释为一个不信任的信号,或者是一个令人烦躁且枯燥乏味的工作的信号。

另外一种与之对照的方式下,酬劳的数量具有自由裁量权,也就是在合同中并没有完全明示且确定下来,这样的激励机制可能更会对于代理人的自尊或者内在动机产生良好的激励。因为此时的学习效应是不同的,即此时代理人可能从报酬中领悟到,该项工作是不容易达成的,因此委托人认为代理人是具有天赋的,又或者委托人很欣赏或者骄傲于这个代理人的业绩,同时代理人或者可能觉得重复这个工作是值得的。提供给代理人一个事后的奖励,例如,给勤奋学习的孩子买一个礼物,对高产的科研人员提供特殊酬劳、晋升或者其他的事后奖励,这些事后的报酬都不会导致代理人推断出自己的行为是受控于委托人的。因为此时委托人并无任何义务或者承诺需要支付给代理人任何形式的针对任何业绩的酬劳。因此,收到这些酬劳对于代理人而言仅仅是一个好的消息,因为在努力之初代理人并不了解如何来对自己的业绩进行理性的解释。因此,酬劳仅仅提供了一个间接地度量其自身业绩的指标。

5.3.3　外在动机会瓦解内在动机的情形

Deci(Deci,1975)认为,如果一个人认为自己的能力和自决意识被强化了,他的内在动机就会增强。如果一个人认为自己的能力和自决意识被弱化销蚀,他的内在动机就会逐步降低。因此一些酬劳或者反馈会通过这样的过程提升内在动机,而其他的酬劳可能会降低内在动机,这个过程可能是上述所描述的,也可能是通过其自身认为的因果过程的关键改变来实现的。

这里的经济分析揭示出酬劳会产生对于自信的负面影响的重要必要条件。首先,假设中强调了委托人有关于代理人或者任务的私人信息,而代理人没有这样的信息。这可能解释了为什么酬劳的隐藏成本在教育背景下较少产生争议性,而在工作场合却有很多冲突。儿童对于自我以及自己的脾性在其迅速成长的过程中显然具有较显著的不完美的了解,然而在工作场合中酬劳结构却经常具有匿名性,多数情况下,对于工人而言工作职位的描述都具有类似性,这种合同中关于业绩的条款,尽管能够反映出这项工作的信息,但是很多信息对于人们来说都是公开的。因此,凡是这种信息非对称性属性较弱的职业层次,这种争议性就显得比较大,即很多人很难看出这其中的问题,这种问题相应地隐藏得比较深。

第二是筛选条件,酬劳可以为低能力或者工作很乏味提供信号的功能。因为此时委托人更可能为之提供业绩的补偿和酬劳。考虑一个经理被从一个固定工资的职位上晋升并给予了一个项目或者一个部门的领导权力,从而也被赋予了从绩效提成的奖金激励机制。筛选条件可能会在反方向上发挥作用,即依赖业绩的报酬被此人同来自委托人的信任联系起来,从而产生了授权效应,激起了管理者的自信。

下面的例子中,筛选条件起到了负向效应而酬劳从长期发挥了激励效应。当任务对于实践中的学习要求很高,而学习能力很高且具有较高才能的代理人就会出现较为积极的效应。通过提供一个酬劳,委托人真实地传递了这样的信息:我知道你非常有才能,如果你没有才能,那么对你进行任何激励都将是毫无意义的。而使用恭维讨好的办法去迎合一个人,可能会起到适得其反的效果。压抑的人们经常将隐藏的动机归因于那些想办法取悦和讨好他们的人。这些时候,无论是在教育还是工作场合,这些机制都会出现适得其反的结果。

因此，要想确定一个酬劳激励机制是否能够发挥正面的作用，还是需要首先确认委托人是否真的掌握了私人信息，使得这个机制发挥其该有的效应。如果没有的话，代理人可能会完全掌握报酬激励的提供者的隐藏的动机，从而产生不同的博弈结果和效应。

5.3.4 反身确认和自我审视

对于任务的难度 c 的因果推理也同样适用于代理人在成功完成任务时候的收益 V。结合不完美的记忆，该结果对于现有的信息仅仅能够对于特定的行动过程给出不充分的正当性论据的状况，可以有下面一些有价值的分析。在某个特定的事后时间，假设代理人再次面对是否要做相同或者相似的一个任务，而此时是有一个外部动机激励的，但并不是自己的内在动机在驱动，或者说并非他事后观察到的 V 在驱动。例如，一个人从事一个长期的项目，如写作一本书、证明一个定理或者从事马拉松的体育项目等，在某一个时刻可能会怀疑是否自己在成功达成该目的时的智力或者内心的满足能够证明自己的所有付出都是正当的。他可能会反思我为什么做这件事，因为他要面对的是在较低的金融上的以及事业上的动机条件下自己为什么要再次启动一个已经完成过的项目的问题。自己曾经完成这个项目时所得到的欣喜和满足会对现在产生重要的影响，这些快乐的满足感可能在未来遇到困难或者在工作难以忍受的阶段，他自己也未必能记起来了。因此，有必要坚持继续进行这个已经选择的道路。

下面简略讨论家长式的领导模式，以及面对时间不一致的代理人的利他主义。与上述模型相关的一类状况产生于代理人有时间不一致的偏好，从而产生了长期和短期的利益之间的矛盾和背离。作为"当下突出"的结果，他有可能会逃避作业以及职业所要求其完成的任务等，无法坚持一个必要的饮食节制计划、锻炼计划，甚至还会沉迷于烟草、毒品或者酒精类麻醉品等。一个广泛关注的规律是，对于自己的长期福利负责的父母或者亲密友人，会有相同的动机去控制代理人个人观察的视角以及控制其对所面对的任务的看法等，出于对他的好处而加以自身管理。

5.4 剩余问题、结论和总结

本节重点讨论其他信心强化策略。

5.4.1 授权与激励

前面模型中说明了，委托人会使用低水平激励形式来传递代理人的能力 θ 较高、任务的难度 c 较难，或长期收益 V 较高等信号。这里研究使用委托或者授权的方式来激励代理人完成委托人的目标问题。从经济学分析的直觉上来说,委托人是通过自己对于代理人的能力的信心,而代理人的能力就其自身来看就是代理人自己的内在激励因素,将对于任务的控制权委托给代理人,从而证明了自己对其信任的程度。因此代理人如果能够反躬自省或者正确推断,就能够将自己的努力更多地投入到完成这一目标之中。这一代理或者监督问题本身是很有价值的,因为提供了一个很重要的例子来说明盈利性效应和信任效应发挥的作用方向相反,和前面章节二者作用方向相同的内容形成了很好的对照。

与之前的外显性报酬不同,这里的基本假设为 $a=b=0$。代理人可以自己放弃权力将其授予代理人,或者设置一个监督人或者某种监督技术来监管代理人。这里的其余假设还是同前面的模型类似,委托人了解代理人的赢得概率 θ,而代理人 i 年仅从累积分布中得到一个信号 σ。这里假设代理人在未被授权的时候获得成功的概率较低,或者说完成任务的困难程度较高。因此,代理人愿意得到授权,从而使得自己在确定要完成这个任务的条件下,有更大的信心或者胜算。这里的博弈顺序为,首先委托人选择是否进行授权,之后代理人决定是否要真的开动这个项目并为之付出努力。其后各自得到自己的收益。

作为一般性的假设,被授权的代理人如果真的有能力,一般而言不太可能会做有害于委托人的事情,而委托人也不会愿意授权给一个完全没有能力的代理人,倾向于将任务交给一个至少自己认为很有能力的代理人。

下面是上述假设的一个解释性案例,有一个代理人需要付出成本来进行一个项目,这项成本无论是否获得代理权都是常数 c。该项目在初始的形式下如果代理人为优秀的类型,那么就会获得成功;如果代理人类型为糟糕,那么就会失败。委托人了解代理人为优秀类型的概率为 θ。如果该项目未经委托人的任何修改,并且获得了成功,那么代理人会得到一项在他看来价值为 V 的新项目;而如果项目没有成功,或者被修改,或者代理人甚至都没有付出任何努力,那么代理人就不会得到新项目。代理,被定义为将控制权转移给代理人,他可以在未经修改的条件下全权代理执行、运行这个项目,从而给自己和委托人带来特定的期望收益。与之相替代的选项是,委托人付出一个成本为 C 的费用来监督代理人执行这个项目,此时委托人保留了对项目的权力。这一权利使得委托能够在整个项目任务执行过程中对于代理人实行监督,从而及时发现可能导致失败的端倪并及时修改项目的条款,从而将项目扭转到成功执行的正确轨道上。此时,如果项目因为修改而获得成功,代理人也不会因为成功而得到任何回报的增加,因为项目如果不修改本来是要失败的,相反委托人却可能获得更大的收益。

上述的假设对应了所谓的"盈利性效应",该效应会让委托人更愿意将更大的自主权交予高能力的代理人。而与之相对,信任效应则从反向发挥其影响,当代理人眼中的成功概率同委托人眼中的成功概率高度相关的时候,委托人有很大动机去提升对于低能力水平的代理人的激励,从而补偿他们很可能收到的坏的信号而带来的预期损失。如果上述机制发挥作用的话,那么本来应该为高能力的代理人保留的代理权力,此时也会被委托人授予低能力的代理人。特别是当代理的成本较之不代理的成本更低的情况下,代理包含了一个隐性报酬,因为此时的项目很可能具有执行起来很愉快的属性。在均衡之中,"照见镜子中的自己"效应将会发挥作用,从而使代理人从平均意义上来看,会正确推断出委托人在授权或者不授权时的动机,如前所述,此时的酬劳是一个坏消息。依据盈利性效应和信任效应,上述假设并非是代理决策的充分条件,而其对代理人努力程度的影响也并非是明确无误的。因此在增加一些技术约束的条件下,可以得到一些具有明确直觉的命题。

命题5 在上述假设条件下,博弈均衡会具有下述一些特点:

(1)授权总能够提升代理人付出努力的概率,无论其类型为何;

(2)同对称信息结构相比,授权更可能发生,或者进行授权的条件更经常得到满足;

(3)特定条件下,授权总是一个好消息,且授权能够彻底改变代理人对于任务的看法。

上述命题同 Pfeffer(Pfeffer, 1994)的观察一致,他认为,当雇员受制于紧密的监管甚至监视时,他们总是会觉得自己并没有得到充分的信任,且自己是不被信任的,他们的行为也会是如此,不断强化着他们自己的这个认识。

尽管这里为了分析简便的原因简化了委托人使用固定报酬来传递自己对于代理人的信任的信号,也就是"烧钱"效应,但当应用到一次性付款的场合下时,上述命题5的结果仍旧有效。

5.4.2 帮助

仍旧假设代理人并不了解自己的能力,假设委托人提供一个对于完成任务可以起到积极作用的帮助水平 h,其产生的私人成本也是 h,前提是代理人决定去执行这个任务。

提供一些技术性假设之后,可以得到一些基本结论。

命题6 在均衡中:

(1)提供更多帮助,总会降低代理人付出努力的概率;

(2)对于代理人而言,较高的帮助总是一个坏消息,对于代理人解决这个问题的能力而言,这个帮助可能会永久性毁坏其自信。

该命题解释了,为什么帮助,类似于酬劳或者缺乏代理,会导致对于自信的严重影响。例如,依赖型人格障碍作为一种同自我尊严相关的心理疾病,相对而言在具有依赖性人格模式的个体中较为多发,即具有溺爱、纵容和过度保护经历的人尤其如此。对于那些一定程度上依赖于自己的子女的满足感的家长而言,很可能会提供不必要的过度的帮助。

之前假设的筛选条件,对于具有"0-1"属性的任务的业绩而言是较为合适的,例如,从高中毕业,通过一个考试,获得了一份工作,或者保住一份工作等。在其他情况下筛选条件可能会发生倒转,此时接受帮助可能代表了一个积极信号。这一状况可能出现在委托人的收益在项目成功时同代理人的能力正相关的情况下,或委托人收益同提供的帮助水平正相关,即提供更多帮助的委托人也得到更多信任。这样的例子包括,加入一个新成立的公司,为某一政党参选议员提供时间或金钱上的帮助等。上述两种筛选条件可以通过下面的两个例子加以对比,一个是某教授帮助学生写一篇课程论文或学位论文,此时教授的收益很大程度上独立于帮助学生渡过难关的边际概率;另一个例子是,该教授和这个学生或者一个年轻的学者共同署名写一篇论文,此时教授的帮助更有价值和吸引力,从而能够使得这个学生对于该项研究的成功提升了信心。

5.4.3 教练指导和训练

使用鼓励、赞扬等策略来最小化失败带来的影响,是人力资源和教育的中心主题。成功的培训被视为建立起其他人自信的一种方式。

努力与天赋之间的互补性,可以清楚解释即使一个自私的教练也会从建立起代理人的自信之中获得好处。在另外一种相反的状况下,教练可能会有相反的动机,即毁坏代理人的自尊。从模型上来看,委托人可以向代理人披露或者不披露自己关于其能力的私人信息。而这一信息是同代理人的自信具有同向或者反向的共变趋势的。

鼓励策略之外还可以采取很多其他策略,例如表扬、批评、辩解和原谅,已达成正确协调激励动机并稳定激励系统的基本设计目的,这里就不再详述。

第2篇

实践篇

第 6 章

成熟度在实践层面的概念

6.1 军品成熟度和商业产品成熟度的概念与差异

以邱菀华教授带队的 C929 风险管理团队，为 C929 机型产品创新所做的定位是高端、商用运营和国际化的产品。这意味着，产品的质量从技术评估上具有相当的成熟度要求，在应用目标上是按照商用的产品来定位的，而其市场定位是国际市场，满足国内外的大型客机用户的普遍的需要。这个定位为成熟度的概念界定奠定了基础，这意味着，我们的 C929 产品不仅满足一定程度上武器级别的成熟度标准，还要满足商业运行的成熟度标准。

在有关成熟度的研究领域，我们很少看到专门为这两种概念应用作细分、区分化阐述的资料，但是这两个概念从本质上具有极大的差异，甚至二者之间的目标在产品实现和制造实践中具有不同的管理需要。

6.1.1 军品成熟度

武器成熟度的测度，从概念基础上来看，有两种基本的目标，第一，解决有没有的问题，即形成威胁性的战略价值，这是举国体制的优势，可以集中力量办大事的典范，在我国 20 世纪 60 年代取得的一系列具有战略威慑意义的创新性成果，都具有类似的价值，这种战略意义在于突破敌方的贸易和技术封锁，取得了具有政治、外交和经济意义的显著成效，即达到了国际威慑和平衡的战略目标。第二，实战性，实战性是武器成熟度的重要度量标准，在同样的实战操练环境下，类似的武器技术，可能具有巨大的实战效能差异，这种差异性，不体现在技术的代际差异上，而体现在形成实际战力和战绩的容易程度上，任何一种现实层面实践问题上的困难或者阻碍都可能使一种新的战争技术/装备的实施受到很大的阻力，克服这类阻力的实际成本可能十分高，以至于在实践中不能用无限堆砌的财政资源来普遍填满，从而阻碍了实际的战争效果。

例如,在俄乌冲突中,两国前线都缺乏粮食,但是两国都是资源丰富的农业大国,所以本身都有足够的粮食供给,但是关键问题出在把粮食运到前线,都是极其耗费成本和人力的,双方都针对对方的后勤展开了强烈的火力部署,后勤的官兵减员和损耗十分巨大,因此"有粮食,也饿肚子"的状况常常发生在战争中。

另外,好的武器也受到实际环境的很大制约,重型武器无法在泥泞季节发挥作用,很多轻武器也同样在具体的实践中受到很大的制约而产生极其不同的效能,所以说,武器的评定受到具体博弈环境和应用场景的限制,很多时候,简单的测试无法找到武器的缺陷,只有在战争的艰苦环境下经历了完全时期的技术迭代后,才能出现很先进的武器与较高的成熟度。高成熟度很难绕过这样的成长过程,因为环境的复杂程度是远超检测人员预期的。

总结,战争实践中军品的成熟度主要围绕两种指标展开,第一是解决有没有的战略威慑力的形成问题,第二是解决具体战争复杂环境下的不断升级迭代的技术升级问题,因此形成了成熟度的不同指向性。战争的具体成熟度的指向性具有极为复杂的维度,高寒、高山地、潮湿多雨以及干旱等不同气候下,对于具体的装备和战术使用的要求差异很大,和平环境下,很难花费巨量的研发成本形成对于武器的具有专门指向性的研发输出和不计成本的科研迭代,因此,武器的成熟度多数只有在战争中,在不得已的条件下,才能倾注举国力量,形成战力。一般和平条件下,不可能有这样的环境和需要,因此多数国家,不是通过未雨绸缪,而是通过尽量避免战争的策略,来减少这类问题的出现,因为一旦出现,就必然意味着巨大的国家损耗,而先期投入的投资也未必具有良好的适应性,就如同马歇尔计划一样。被敌国了解的技术储备,一般而言都会泡汤。所以,这里证明了,用于战争实践的装备成熟度所具有的技术指向性并不很高,但是毫无疑问,储备的技术是具有战略武器价值的。

6.1.2 商业产品的成熟度

商业产品的成熟度同军品成熟度的很多方面都具有很大的差异,这里重点阐述商业产品的成熟度概念,尤其是强调其同军品成熟度的不同角度来进行讨论。

商业产品的成熟度,一般而言,是符合和平年代的技术创新和技术迭代规律的,这种技术创新和迭代,从很多方面同军品具有内在的本质差异。和平时期,如果也普遍采用举国体制的创新方式,集中力量进行创新项目,多数是逆向研发的产品,这些产品研发从目的、来源、性质、实践和检验过程等来看,都独具特点。这些产品的研发目的是赶超国际市场中外国存在但是本国没有的技术和产品,而这些"先进"的外国产品是比较容易通过市场渠道获得的,因此,通过逆向工程可能较为容易解决"有没有"的问题。但是很显然,很多时候,这种逆向工程所参照的外国模型并不是世界范围最领先的技术产品形态,而是得到市场公开认可的,即被市场所选择的产品类型。对于具体的产品而言,可能仅仅是能达到类似功能的较为一般甚至低级的技术和工艺的产物。为什么会有如此巨大的差异呢?相对于军品对于一些极端环境或者特殊功能上的极致要求不同,民品可能本身使用环境相对稳定,对于生活中的要求往往并不严苛,而且民品的特点是消费者对于其经济性的要求往往是占有很大权重的,经济性这一点在后续对于"铱星"产品案例中介绍会特别加以介绍。这里重点举例说明,军品和民品在使用环境和性能上的重要技术需求往往具有差异。军品往往需要在野外和苛刻的环境下仍旧具有良好的使用性,即使没有极端温度、极端湿度以及海拔的要求,对于产品在特殊条件下的各种故障都需要进行特殊的考虑。苏联制式的多种二战型号的产品甚至在其后的冷战数十年间仍旧是战场上的常见热销产品,主要原因就是其在二战期间积累的升级改造类型能克服不少实战现场的问题,例如,苏制的枪械和坦克都具有较好的战场环境适应性,能应对高强度、疲劳以及不良环境下的很多外界干扰,这些机械产品尽管相对结构简单,但是却能够良好适应复杂的不可预期的战场环境,出现的现场问题较少。上述这些一般的特点就是军械装备的成熟度特有的一些要求,而很多转型产品,例如汽车或者民用机械类产品,则无须具有上述严苛条件下的特殊设计和技术要求,最典型的就是汽车产品,在民用条件下,对于汽车的动力和很多先进性能不仅没有要求,而且一般民用市场的消费者几乎不会有这样的驾驶环境和体验,他们多数在城市平整的公路上在一定速度约束下稳定运行,而且在很多情况下,多数汽车的使用年限根本达不到技术设计就已经被车主替换了,所以相对而言技术的要求可以降低很多,但是具有与军品极为不同的其他要求,例如,高度的安全性被提到突出的地位上,而这些要求与汽车的核心技术先进性不一定有必然的联系,但是却同汽车的价格和设计实验费用紧密相关。所以我们要了解上述的民品的独有特点,对于分析这类产品的成熟度具有特殊意义和价值。

民品的成熟度不一定针对某一领域的技术有极致的领先性要求,这一关键特点是我们需要特殊思考并且加以应用的。在民用领域的确有复杂的专利制度限制产品的技术外溢,甚至一些关键的先进性产品技术,因为各种原因设置的技术封锁是无法看到和得到的,从而无法对其进行适当的技术评估,但是一般而言,鉴于商用技术容易被逆向研发,商用的设计方案其技术来源往往是优先使用次级的和二手的技术来实现的,这也是装备制造业的一种常态,我们要在现实的产品设计和使用上注意这个问题,不要轻视和小看这些对于军品而言并不领先的技术。

与此同时,我们要注意商业化的产品重视的不是技术是否可得或者技术是否先进,而是更加重视技术的专利是否在自己手中,这一点是军品和民品领域最为关键的差异。即使能够通过逆向工程做出类似的产品,在国际市场高度竞争的环境下,这种专利不在自己手中的产品的附加值依然是很低的,也就是说任何一种产品,如果自己不掌握首创的专利,那么自己生产的产品,仅仅包含了少部分的边缘专利技术，主要的专利技术不掌握在自己的制造业企业手中，生产附加值低，利润低，所以并不会有很大的商业价值，也很难吸纳资本进行更深入的专业化的生产。在本国主场竞争，可能还具有一些成本优势，但是在国际市场中，很难有足够的价值，将产品转化为经济价值的道路会比较坎坷，也会遇到很多预想不到的困难。这种困难很可能是因为这种路径已经被时间和实践尝试过，失败者的经验也是很难了解到的珍贵知识。这类逆向工程的产品所遇到的市场问题，其中有一大类，可归为"路径依赖"效应。所谓路径依赖效应，就是任何一种技术都有其发展的固定路径，不仅是研发人的文化特征使得他很希望按照这种方式来研发，而且这样的技术一旦形成，也很适应于他所源出的文化，如果这种技术高度依赖于这类文化或者概念化的思维，那么就是强路径依赖效应在发挥作用了。相当多的近代技术都具有强烈的路径依赖，例如铁路、水力发电、围海造田、改造沙漠等（请参考 9.4 节福特汽车早期对于专利技术的决策路径）。

　　从商用角度来看，在一个国家是否存在一种产品，并不必然具有很大的"威慑"价值，可能具有一定的名誉价值，但更本质上的评估主要来自市场的商业价值，商业产品的市场价值来自市场检验的实用价值角度的效用度量，这其中包含了很多维度的指标，包含实用性、可用性、适用性、易用性等诸多关于客户满意度的指标，这些指标体系本身具有市场化的偏好所具有的复杂性，综合起来，经过市场检验获得普遍的市场成功的产品具有的特点是没有特定的技术指向性和方向性的，一个较特殊的例子是我国出口非洲的传音手机，其得到当地市场认可和青睐的原因显然具有不同于其他国际市场的特殊性，这种来自市场检验的产品技术复杂要求，同军品的成熟度要求很不同，商业产品成熟度中包含了更多这类指向性和方向性更差的维度和因素，因此需要的技术迭代是一个很漫长甚至需要耗费不少试错成本的技术微细迭代和改进的过程，而让政府来参与这种低指向性和高风险的技术迭代过程，是具有很大的投资项目风险的。我们可以想象，军品的技术迭代可以通过持续的军方投入来完成，而现实中也绝大多数是通过政府与军方的投资来覆盖的，尤其是在经费充足的战争过程中。而对于民品而言，持续的、不计成本的长期技术迭代支撑，是需要淘汰无数种潜在的"验证中合理"的产品类型的，这样的过程如果让政府或者下属机构来承担是极为困难的，所以商业需要金融和投资的复杂组合，才能在现实中复杂的市场环境下实际完成成熟度的提升和迭代过程。这里强调了商业成熟度对金融工具的依赖性，这在近代移动通信终端设备，即手机逐步商业化市场普及的过程中表现得也非常明显。

　　用通俗的语言来说，战争中的成熟度，一般而言在技术迭代早期，只要满足基本的技术指向性就可能被运用在实战中，例如，原子武器应用场景上的诸多不便，可以通过运载设备和投放的方式来弥补，虽然成本较高，但是可以通过在其他方面加大投入，不计成本来使这样的功能转化为实际的战争战力。逐步技术迭代，再尝试持续降低综合成本。因此,军品在产品初期能够容忍不少高成本带来的问题。只要实验室成功,基本检测可靠,即可能转化为战力。当然,达成实战战术效果的技术应用要求越容易,在具体或者特殊环境下得到成功的概率就会越高,从而降低战争的成本,带来便捷性,节约开支。在案例篇部分第14章和第15章安排了二战德国的技术演进案例,专门就这个问题的成熟度演化规律进行了具体介绍。我们可以看出,对于已经具有一定成熟度的军品的技术迭代,其速度主要约束于实际的军事实践活动,其次对于财政预算支撑的要求是具体应用中最突出与关键的现实约束。

因此,指向性越好的技术,例如应用在潮湿泥泞环境中的轻武器,就使得效能大幅提升。在具体的已经开始的实战中,军品设计往往具有特定的指向性和研发过程中明确的方向性。但是,对于商业市场上的环境而言,任何没有考虑到部分消费者(个人或者群体)的特质性的问题,都必然会失去部分市场,带来订单一定数量的减少。商业产品的成熟度不足,往往是因为研发过程并不了解消费者还有这样的需求偏好,因为这类需要在设计时被认定为太"偏"所以工程技术人员要么根本想不到要么就是主动忽略了。本质上,即使不主动忽略,一般的商业设计方也很难面面俱到为所有顾客设计具有特质性的全系列产品。然而,即使如此,与军品的成熟度截然不同,这类市场中客户的个人体验是商业成熟度必须要首先满足的,而不是可以通过其他方式进行立即弥补的。现代市场学的大量的研究和案例都证实了这种对于产品成熟度的一般特点,例如手机、高铁等。

商业市场的成熟度,至少包含多种无法通过确定性的"短期项目"来彻底完成的。第一,就是可能的方向和维度太多,尝试的成本太高,尽管每种尝试都可能通过特定的投资来完成,但是一个"成熟"产品需要尝试的可能性都很多,更不要说产品系列以及多种产品。第二,经济性,任何一种成熟的商业产品,要想通过现实市场的检验,需要同不同国家的市场的具体状况相联系,任何一个具体的市场中,产品都有很多既有选择的成本竞争关系,高铁出海要同其他的交通工具比拼数种维度,例如价格、收回投资项目成本、舒适性、不同阶层的偏好等。类似地,C929也同样需要经过所有这些维度的比较。因此,我们需要考虑的内容是极为复杂的。至少满足上面两种考察,并具有很大的市场竞争力的时候,才可能在世界范围推广一种成熟的产品,如果任何一种条件不能满足,则仅仅还是一种不完善、不成熟的产品。

6.2 高级科技成果具有非指向性的一般特点

6.2.1 非指向性的概念和案例

一般而言高科技所具有的特点是不具有确定的方向性,在既定的方向上的指向性也具有极大的不确定性,这些特点使得高科技具有相当的复杂性,不是依赖简单的设定目标就能解决的。这些特点在战争中和在市场中都是比较突出的,而且好的高科技产品也因此不容易被仿造和模仿,即使有逆向研发的可能,模仿的成本也可能很高昂。而且模仿品距离原来的技术还有很大的不可确定的差距。

  我们举一些比较好理解的、广为人知的例子作为参考。上述的缺乏指向性和方向性的特点,在市场化的产品上,具有很典型的特点。这里以汽车碰撞测试为例,某汽车大国几十年来所生产的乘用汽车占据世界市场很大份额,但是在对于汽车的安全性日益看重的现代汽车消费市场中,其所生产的部分产品达不到碰撞实验标准,在于如下原因。并非该国所有产品都不符合碰撞标准,而是碰撞标准可能具有不同的侧重点,甚至有些碰撞实验为了检测出汽车的综合实际碰撞能力,在试前并不给出具体测试项目的内容和要求。因此,我们可以想到,这里面就出现了两种测试场景,第一种类似于"应试考试",也就是在测试之前很久就给出了具体测试的固定场景、测试方式和对所达到的标准的详细规定。在这种应试考试的安排下,一般而言突出的测试项目就是驾驶员侧的碰撞伤害测试,因此,该国企业对于这个项目进行了有针对性的应对。但是在随机测试中,出现了对于副驾驶的伤害评估,因此,测试出现了很大的纰漏。其后,很多企业就副驾驶进行了专门的应对,但是一段时间之后,突然出现了对于车顶的冲击测试,这时候测试车辆又一次出现车被压瘪的状况。后续的测试还在继续中,但是毫无疑问,按照应试教育的思维,考什么题就应对什么高度依赖划重点,不划重点的项目就尽量节约成本,所以造成了在随机测试中惨败的局面。我们知道,汽车不是坦克,如果说不改进整车的设计,而采取应试的策略,对于综合测试和随机测试,必然出现严重的问题。而市场不是测试,也没有任何一个划重点的机构帮助汽车的设计和制造者通过取巧的方式来讨好消费者,特定消费者的生命只有一次,如果汽车安全性不达标,那么汽车就会因为事故而导致严重的信誉损失,所以,汽车的市场消费反馈不是任何应试的心态能够提升其长期的销售业绩的。

  因此,只有在无数按照不同路径研发并且制造的车企车型的激烈竞争中生存下来的汽车,才是"经过市场和时间检验"的成熟产品。这类产品,并不一定具有很高的成本,相反,这类汽车因为积累了大量的教训,所以往往兼具经济性和实际的性能,所以,我们在讨论成熟度的时候特别强调市场检验的重要性。

  非常类似地,军品如果没有通过战争的实际历练,也非常类似上面的状况。不少未经实战的新式武器,仅仅提供了某方面的实际战力的提升,却没有良好的其他性能的辅助,因此在实战中是无法发挥其有效的强项的。例如,不少坦克就存在类似的问题,过重则在不少实际状况中无法开展有效的作战安排,如泥泞环境和季节、复杂地况等,而且坦克的安全性也完全类似上述汽车的安全性测试,坦克很容易受到各种反坦克轻、重武器的攻击,有的坦克强化了正面、侧面的反弹装甲,但是却很容易受到上方武器的贯穿攻击;而全面加强装甲,却大大降低了其机动性和其他性能的综合发挥。所以一种武器的实际战力,是一种极为复杂的综合实战能力,如果没有研发团队紧跟着的不断升级换代,就不可能出现综合性能超群出众的各类武器的脱颖而出。因此,所有的西方发达国家都不会错过任何一个实战场合的武器测试机会,他们甚至会为了强化自己武器的升级迭代,不断将自己的武器在世界范围的武器市场中进行大范围的推广应用,将自己的武器通过各种途径,不仅包括本国的列装、盟国的列装,还有其他商业伙伴的购买等,不断通过实际的战争测试来获取实际的数据,不断强化自己武器的实战效果,从而维持一个武力强国的地位。如果没有经过大量的实战操作以及实际数据的改进,就不可能出现综合实力较高的实战型武器。

武器和商业产品在这一点上,都排斥路径依赖的模式,对于应试教育式的思维和实践都是尽力排斥的。我们要知道,以一个国家所有知识分子的力量,无法设计出一种方案,能使市场必然接受。以一个国家所有研发人员的先期设计和测试办法,不可能生产出一种必然可以列装且一举成功的关键武器装备。这说明了实践的重要意义。

社会大学的无限性决定了市场的复杂性,而实战环境的多维性决定了军品研发和测试的复杂性。这些内容都决定了实际环境下的军品研究所依据的"成熟度"概念,不可能是成文的、一成不变的和可预期的。甚至希望在接触市场和实战环境来预期这些成熟度是什么,这本身都是应试教育的思路,而不是实事求是的态度。成熟度最核心的概念就是实事求是,而不是任何一种八股文,这也是毛泽东思想的核心内涵。

6.2.2 案例:协和客机

协和客机可能是我们认识"市场非指向性"规律最好的案例之一。协和客机的诞生,很好地诠释了我们这里对于军品和商业化产品市场关系的基本认识,军品的技术突破(或者至少是该技术创新的信息在世界范围得以公开传播)往往是同战争的需要紧密相关的,而一旦新技术为市场所知,那么技术转化为民用商业化的产品的进程就立即提上了日程。因为资本对于技术的期盼(或者觊觎)是不容时间等待的,只要资本闻到未来可能的潜在市场的气味,就可能转化为实际的投资,而这种竞争对于拥有技术的国家而言也是极为重要的,一项工业化的大型技术装备的应用,可能带来的实际的财富增值是极为可观的。所以,资本和政治家绝对不会对公开的先进技术冷眼旁观。但是这并不意味着任何一种技术都必然带来实际的工业新革命。20世纪50年代超声速战斗机的公开实践,恰好遇到了战后经济繁荣的开始,1957年前后英法都提出了研制超声速民用客机的实际方案,20世纪60年代采取了合作设计的方案,这其中的考量可能包含了风险和高研制费用的分摊,

1962年签署协议,1963年戴高乐总统宣布定名"协和"客机,1969年完成试飞,1979年第16架飞机出厂后,即宣布停产。

协和客机能达到 $Ma=2$ 的飞行速度,但是经济性不佳、油耗高、载客量偏小,且定价超过了普通客机的头等舱,价格上的奢侈品,针对的消费者是高收入的消费人群。该飞机还有一些当时的设计尚未解决的问题,如航程短、油耗高、噪声污染剧烈,不少国家对其禁飞。但是毫无疑问,如果能够长期维持商业运行,那么这些问题可能在未来的设计中得以逐步改善,甚至逐步克服一些当时的重要缺点。本质上,这款飞机的技术是先进的,但是当时的世界发展格局还没有开启全球化的模式,也没有商业化的大规模运行带来的资本,使之迅速平摊的一些机制。

因为协和客机在2000年的一次坠毁事故,2003年协和客机宣布不再继续运行,结束了27年的商业市场运行。

协和客机的早期估算研制费用为1.6亿英镑,而1976年开始运营时已经耗费了13亿英镑,严重超出了商业运行的预算计划。但是,在今天来看,如果能够以全球化的运行模式来谋划其资本运行模式,可能还会延长其实践的长度,甚至还可能找到项目长期维系的方案。

与之有相似之处的一个项目是铱星系统。

6.2.3 案例:铱星系统

无线电通信技术在二战实战中已经应用,较为有名的系统在德军和美军中都有装备,德军的营之间以及坦克无线电通信技术发展较早,逐步成为军备中的标准装备。而在美国,由摩托罗拉公司参与研发的军用步话机,是美军在二战时期的标准装备。这是早期军事应用中逐步提升成熟度的军品项目。但是在二战后,无线电通信就逐步开始尝试向商业应用转化。

几乎所有的发达国家都在无线电通信技术上有所成就,苏联在20世纪50年代就有一些发明,而美国的摩托罗拉公司在20世纪60年代就开始持续投入研发,而20世纪70年代的应用则更加多样。但是我们知道直到20世纪80年代和20世纪90年代转换期间,各个发达国家才真正开始从法律层面落实无线频谱在商业上的大规模应用和投资。这期间经历了几乎半个世纪,我们的问题是,为什么中间会有如此长的空档期?为什么军用技术无法迅速在现实中改变人们的生活呢?

无论哪一种发明,在现实中的应用需要的民间投资不断试错的成本都是极为高昂的。无论是类似协和客机还是铱星系统,都是一种发展路径,如果没有现实中的投资常识,人们不会了解为什么现实中没有选择这些技术上较为先进的产品,而是选择了技术上较为次一级,但是商业上更容易普及的产品发展路径。现代的民用手机需要远距离铺设电信基础设施供信号远距离传输,之后分流,最后设置基站,实现空间上的无线传输,而不是类似铱星系统。另外还有埃隆·马斯克(Elon

Musk)的星链系统,这些都是不同的技术路径。但是毫无疑问,所有这些都需要先期投资加以尝试,最后从现实的市场消费中选择胜出的一方。

毫无疑问,在市场上铺货之前需要资本的大量注入,所以从战后开始到资本大量注入,需要的不仅仅是实践,竞争的还有金融系统的高效性和承载力。如果没有先进的金融系统的大规模支撑,所有的技术都不可能下沉到民用的层次,最多就只能成为一种半奢侈品的商业存在。所以说,市场的存在需要的不仅仅是技术,还有在资本运作下的不断长期稳定的试错过程的完成程度,这决定了成熟度的级别。所以,从这种角度上来看,商业产品的成熟度,本质上同金融支撑的力度、效率和稳定性紧密相关。

通信领域的大量案例告诉我们,并不是技术上先进就能够赢得市场,选择技术上的处于成熟阶段,且廉价稳定的技术路径,可能才是更稳定的长期占有市场的策略路径。但是毫无疑问,具有风险的技术路径还是需要有厂商去进行尝试并蹚出一条道路的,但是这种技术路径无疑是极具风险的。典型的例子就是 HTC 公司,HTC 公司毫无疑问是一家具有技术领先驱动的企业,2010 年就推出了 4G 手机,而且造型超薄具有极强的科技感。但是占有绝对的市场领导地位的苹果手机,却整整晚了两年才推出自己的 4G 标准型号手机产品,而市场上销售最好的产品在当时毫无疑问是具有市场压倒性的苹果手机产品,且当时的苹果手机是平板手机的最早发明者和代名词。我们要了解一款产品为什么具有市场优势,从 iPhone 的设计理念可以看得最清楚,iPhone 从来不是技术上最先进、配置最高的手机,甚至都不是以创新作为自己赢得市场的主要因素,本质上 iPhone 销售的是自己超稳定的操作系统,这个超稳定的目标不仅仅是通过系统来达成的,所有的其他选择都是配合这个目标来进行设计和制造的,而经济性始终是苹果公司努力达成的一个最大的目标,不断在尽可能的条件下,达成较高的市场价值和市场竞争性的最佳融合,而不是从创新上来吸引消费者的目光。所以,苹果从开始设计产品的时候就旨在长期占有市场的份额,而不是仅仅赢得短期的销售目标。这就是商业的市场化产品销售的核心目标,同单一的技术创新作为指标的最大的差异之处。选择先进的技术,必然带来较高的成本,所使用的元器件必然具有更高的市场成本和市场稀缺度,会造成产品的价格高昂,另一方面还必然伴随着产品不够成熟可能带来的售后服务的成本高企,一旦出现质量风险,会造成市场信誉的严重缺失。所以,成熟的产品往往用成熟度较高的部件来作为核心部件,维持产品的稳定性。从这一点来看,德国产品往往具有类似的延续性和保守性,而亚洲的消费者似乎对于创新性的包容更强,所以亚洲的电子、通信等科技企业也更愿意冒险尝试在新产品中使用更为超前也更为冒险的技术元器件。但毫无疑问,从世界市场和利润保持角度来看,这并不符合一般规律的产品发展路径。

第7章

成熟度在企业层面的实践检验标准

7.1 军品的成熟度——产业基本的定位和利润模式

在战争时期,军工产业的基本定位是服务于前线激烈的战争实践,我国从解放战争就开始出现使用自己制造的武器能够在对内、对外战争中取得重大战绩的大量案例,而这种状况在抗美援朝战争中是显著的,但是常常处于被历史学家忽略的状况。尽管我国在抗美援朝战争的特定阶段使用了当时苏联的制式武器,但是就当时苏制武器同美制武器同台竞争而言,是无法分出显著的胜负的,这个无法分辨就意味着任何一种状况下,可能其他的因素会导致战争结果的胜败。当时我国武器的全方位落后和匮乏是不争的事实,也是在这样的条件下,我们取得了战争的胜利才显得非常令人鼓舞。但是即使在这样的状况下,我们仍旧不应该忽略武器和装备的因素,我国的武器装备生产,长期在万国牌的磨炼中也取得了很长足的进步,这种进步是实实在在的,而且这样的进步,是经过实际战争实践被检验可以为战争提供足够质量保障的武器和弹药生产的。

在朝鲜战争中,早期具有决定性的战斗实践都是在没有空军和高炮对敌人进行充分火力压制的条件下进行的,这说明了在没有充分工业化的条件下,我国的战争装备是有显著落后的,缺乏基本的全体系制式装备的批量生产能力,但是毫无疑问,这一时期的产品质量是随着国家的胜利和国力的积累,迅速得到改善和加强的,从前几个五年计划的实践中,我们可以鲜明地看出这一点,我国的军备工业化建设中,不仅逐步补齐了没有的装备的短板,而且对于产品质量的高要求,也完全没有放松,在随后产能的不断积累中,因为人才和技术的不断补充,我国的军械发展得到了很大的加强。这段时间短暂的发展获取的成就是极为惊人的,到了20世纪60年代初期,我国已经拥有了核武器。

在这段大家都熟悉的历史中,隐藏的是我国工业道路的发展历程,如果没有武器工业的基础性建立和发展,在抗日战争之后,就不会出现全面而迅速的解放战争

第 7 章　成熟度在企业层面的实践检验标准

的局面,也难以完成建国必要的战争清理工作。因此,从本质上来看,解放战争和新中国成立初期是我国全面创立和发展工业基础的早期阶段,这个阶段奠定的工业基础和发展方向,对于建国大业起到了重要的基础性作用。我们从这段历史中可以看出,之前更早期的工业基础和外部援助逐步转化为我国初期的工业基础,这个工业基础很大程度上是围绕着外部的实战环境而展开的,这也是我国早期的工业基础为什么具有高标准和强劲发展动力的主要外部环境因素。外部战争的需要,驱动着不断以最高的标准来建设好自己的装备产业,这个强大的动力,是历经百年的国家灾难积累起来的一种坚强的决心,是大量的牺牲和残酷的斗争所激起的斗志所决定的。容不得一丝的马虎,也容不得一丝的懈怠,因为这样复杂的环境是直到 20 世纪 80 年代初期才开始本质上放松下来。

而在此之前的历史中,我国国内的主要矛盾都围绕着外部的强大敌对势力,按不得不进行的战备安排来进行的,而超级大国不仅仅对我国长期封锁而且还长期对我国施以最高级别的"核平"威胁,所以我国才产生了三线建设和军工优先的全面战备思想。这样的指导思想在新中国成立后前 30 年是始终没有办法解除的,而在 20 世纪 70 年代才逐步和西方建立起和平的外交关系,从而才为改革开放走向世界市场奠定了外交和经贸基础。

我们不能说,我们的工业化发展策略全部来自外部威胁的"倒逼",事实上从近代以来,落后的工业就始终是中国面对外部环境时最突出的问题,这不仅反映在军事、政治和经贸关系上,而且还对中国的国家策略产生了很大的影响,不同的策略带来的结果都是不同的,近代历史的不断积累迭代使得新中国在建国过程中最终选择了正确的方向,主观的正确性和能动性而不是客观的危险始终是我们更应该关注的矛盾的核心。当有人批评前三十年的工业化策略的时候,我们需要充分反思近代历史尤其是中国工业化历史发展的进程,这其中的争论和矛盾,始终围绕着我们继续前进的选择之路,如果我们不能充分把握正确的方向,就无法避免挫折和磨难。

如果我们充分、全面反思当时的国内外形势,并充分理解我们的工业化道路的轻重比例关系,就可以轻而易举理解上述的所有矛盾,因为我们的国内的急速发展不可能同时平衡几个矛盾的方面。第一,外部的战争威胁,这意味着我们必须要以最高的要求来制定战备物资,尤其是工业化的装备生产。这意味着我们没办法降低质量来充分满足数量庞大的农业群体的所有需求,甚至我们还需要他们的无私支援,才能供应得上工业化的基本建设需求。第二,外部贸易和经济关系全面被封锁,不仅技术、资源和基本的原料无法满足,而且连粮食等非敏感物资也常常是极度匮乏的,这也是艰难生存的局面产生的基本背景。第三,在能源和大批量机械装备无法到位的情况下,基本的经济矛盾是无法克服的。

所以直到 20 世纪 80 年代化肥、化纤等基本民生工业得到迅速而全面的装备、制造之后,民生问题才得以基本缓解。但是在此之前,我们要知道,我们采取的措施是,首先武装军品装备确保军备质量,其次确保工业化的质量,保障工业化基础稳步高水平进行,最后,不遗余力提升民生和生活水平。

在这样的艰难背景下,有所牺牲,有所坚持,才确保了我国以最快速的步伐奠定了高质量的全面工业基础。也为此后的全面市场化和融入世界经济体系奠定了基础。

7.2 商业市场化产品的成熟度

7.2.1 战后军工企业的衰落

本小节讨论战后军工企业的衰落。军工企业衰落的主要原因,众所周知是战争不复存在,原来用于战争后勤的装备产能必然面临巨量需求的消失,而导致市场的规模化减少,这本来是一种从战时到和平时期的正常的转化,但是本质上,这种转化并不一定在战后立即对该产业产生巨大的冲击。

在我国,二战后我们经历了抗美援朝战争,紧接着是对于越南战争的援助,其后紧接着是对越自卫反击战,因此,真正军工企业大量减产是在 20 世纪 80 年代后期,本质上是 20 世纪 90 年代初期的问题。美国也非常类似,美国的军工复合体在冷战后期还没有面临需求大量减少的问题,在全球化早期的时代,也就是冷战末期,才面临了转产的问题。这两个问题几乎是在同一个时代发生的,但是因为美国还维系着对于世界范围的军事存在的目的,所以,即使 20 世纪 80 年代讨论极盛的对于军工复合体的缩减问题,最后也本质上保留了军工复合体的核心,使其没有受到实质性影响。

在我国,从 20 世纪 80 年代末期到 20 世纪 90 年代,新中国成立后前 30 年建立起来的完善的工业化的体系,此时出现了一次系统地转化,从工人、管理员到国有资本,都发生了一次较大的替代转换。按照以效率为原则的替代方案,将原来积累的工业化的基础,进行了大比例的替换。这次替换对于我国工业化的产能影响很大,特别是对于我国的军工部门,尤其是高端、尖端部门的冲击是较大的。

7.2.2 质量与效率的矛盾在市场化初期显现

高质量的工业化产品是依赖高质量的工人队伍,包含了技术、管理和软硬件的基本维护才能达成的。而所有这些产品背后的庞大的工人和科技队伍的维系,都需要利润来保障,尤其是在市场竞争的环境中,如果没有足够的利润来维系庞大的工业化的分工合作体系,那么工业化的遗产就无法存留。在市场化的商业运作中,最危险的就是价格竞争带来的低利润和无限制的规模化经营,如果这样的竞争没有任何限制,那么使用无成本的技术和他人积累的经验的企业就会在短期内获得不少好处,但是长期而言,它们无法获得工业化的积累性进步,甚至会失去工业化升级的基础和机会。从经济学角度来看,这可能以多种标签出现,"后发优势""弯道超车"或者"狼群效应"等。所有的现在的发达国家,无不是从后发优势中走出来的,英、德、美、日等今天有所领先的这些工业化国家,都是从落后中,甚至早期的模仿、抄袭和廉价扩张中走出来的,但是毫无疑问,采取这样的道路的尝试者在历史上要远远多于他们,但是能够建立起高利润中心,并且能够养得起庞大的一代代软硬件后备研发力量的国家,却凤毛麟角,而这样的竞争还在继续,也从未停止。

新中国成立初期的全面的工业化基础,正是从晚清工业化早期那种无序竞争中,逐步摸索出来的适应我国当时艰难国情的一种战时工业化发展道路,其积累起来的大量成就是我们今天最核心的工业化基础。

一个国营企业为了维系高质量的生产,就必须要维护庞大的产业队伍,任何一种人才的培养都需要数十年的积累,而只要任何一方面开始出现短板,那么重新培养或者重新引进都是不可能短期完成的,甚至我们都很难了解此时此刻到底短板在哪里。所以,积累的重要性和复杂性超乎人们的想象。但是这样庞大的一个系统,如果被冠以低效率,开始对其进行内部改造,并且加上外部的无限竞争,那么就会出现我们熟悉的场景。一个国营企业的产品卖10元,太贵了;一个私人作坊就卖1元,即使大家知道后者质量不行,但是作为市场,还是有不少人会选择后者,而不是前者。这样的状况下,只要后者被鼓励,只要前者不被保护,那么无限价格战开始,前者就面临着降低质量的巨大压力。此时,如果不能短期降低质量,那么就可能面临破产的境地。

世界范围内,在战后,高质量的军品加工被边缘化之后,大量国家的军械和装备制造都面临类似的境地。仅有少数成功转型,保留了各国的工业化精英队伍。非常类似地,在20世纪80年代,我们和美国都面临了类似的战略抉择。美国将这个过程拉长,维持了最小的损失,而我国的工业化基础,在很短的时间内,就将几代人积累的大量高素质工人排除在产业之外。这是我国工业化历史上一次较大的损失。发展有代价,但是这些工人是几十年以来农民勒紧裤腰带才积累下来的工业化基础,在短期内没有经历太多的挣扎,就被放弃了。

7.2.3 拥抱低利润行业的成长

任何一个国家在和平时期都存在一种拥抱低质量低利润行业规模化发展的强大诱惑。之所以是一种诱惑,是因为这种发展是逆工业化进行的,其指向不自我研发,而是采用廉价的低成本或者无成本技术,将自然资源无限制转化为消费品的经济模式。因为毫无产业边界,任何人都可以无限制进入,所以必然是低利润、高规模的产业模式。这种产业模式,可以以最快的速度,对自然资源进行耗尽式开发,这种开发没有产业限制、技术限制和任何障碍,但是却能够满足绝大多数的低收入群体的无限制的消费欲望。但是毫无疑问,这样的产业因为利润极低,所以指向的产业前景是极为黯淡的,因为没有足够的利润会流向支撑产业升级的软件和硬件,大多数群体都进入简单的重复性劳动行业,没有高利润的产业,也不会有高回报的企业或者职业产生,这样的发展最终的结局就是自然资源耗尽之后,资源性和劳动性红利衰竭,从而出现产业停滞以及倒退,被其他国家远远甩到后面,如果引发战争,也必然是因为落后的产能,无力进行高技术的战备和高质量的武器生产,从而被消灭在历史中。

类似的状况是多数发展中国家面对的一种危险的发展陷阱,二战后大量国家都进入这种状态,有的称为"资源诅咒(the curse of resource)",有的称为"内卷(involution)",总之,其指向的发展模式是类似的,这种发展模式最初来自东南亚的资源型国家,也常被印度学者用来描述劳动力丰富的国家产生的类似现象。

在世界范围掀起工业化发展的百年浪潮之中,因为类似的状况而被历史冲垮的国家不胜枚举,但是毫无疑问,还是有很多国家在重复着类似的发展路径。因为这条路径是极为愉快且没有发展障碍的。新中国的成立是极为艰难的,经历了类似的艰难却能够坚持下来的国家几乎没有,其主要原因在于,从艰难中建立全体系的工业化的基础,是一个痛苦的过程,而不是类似于快乐主义的内卷过程。二战之后,大部分资本主义国家在内部矛盾的激烈冲突中,也走上了强烈内卷的道路,逐步放弃了痛苦地维系工业化发展的道路,而采取了市场化和妥协的道路,尽管如此,工业化国家还是了解自己的产业优势在哪里,不会主动全盘放弃自己的产业优势。但是发展中国家没有经历过复杂的市场化过程,没有经验,很容易在复杂的市场竞争中,错失自己的产业发展机遇,在国外资本、政治力量,以及国内缺乏相关经验和智慧的条件下,对自己的优势采取了放任的措施。

西方建立起来的庞大的法治制度体系,是产业发展的重要保障,不允许外国的产业竞争对于自己的优势产业短期造成大规模的冲击。但是尽管如此,全球化对于欧美产业的冲击也是巨大的,据欧美学者研究,全球化的浪潮对严重老龄化的欧洲国家以及处于激烈内部斗争中的北美产业产生了巨大的冲击,严峻的产业替代使得不少国家的产业已经处于七零八落的状况,不完整的产业模式已经使得西方国家从冷战时期巅峰的产业格局逐步凋零、萎缩以及边缘化。但是毫无疑问,所有现状都是这些国家主动和被动决策的结果,他们还有强大的复合法律政策保护着自己的核心产业,不受来自外部的竞争和来自内部对于秩序的颠覆力量。反观发展中国家大多数缺乏法治的保障,高利润行业即使存在,也是昙花一现,无法持续,更无法形成对于整体产业升级的持续贡献。所以我们看到新中国成立后前30年的产业发展策略,应该努力从中吸取完善产业发展的经验。

第一,专利制度是提升企业创新的技术保障。创新制度的一个重要特点,就是维护创新者的长期利益,不能让创新者在技术被逐步转移过程中迅速被替代,这是维系劳动者和技术创新人员存在的长期利润保障。看似低效率的创新制度对于国家的长期发展具有很大的价值,外部的专利壁垒和行业的内部专利壁垒都是极为重要的,这一点看似有违公平,但是对于产业高端化具有很大的参考价值。

新中国成立后前三十年被外部封锁,进行技术交流的机会不多,尽管有不少间谍觊觎我国的技术进展和企业运行情报,但是安全部门足以抵御这种威胁,内部信任度很高,且荣誉感强烈,尽管还没有完善围绕市场的专门制度建设,但是从法律和法规层面能够有效抵制技术外溢带来的对于国营企业和国家利益的侵蚀。另外国营企业之间是依赖国家统一进行的技术、人员和资源的调配来完成国内的产业系统的分工合作,从而有效避免了技术、产品和资源竞争带来的对于企业利益和国家利益的损害。

总而言之,尽管这一时期没有建立起抵御外部和内部无序竞争的专利制度和法律规制,但是当时的运行制度可以保障产业发展运行在最佳路径上,确保高质量和高利润的产业发展质量,这些正是我国前三十年产品和技术成熟度的最强有力的保障。

第二,工人保护制度。显著的工人保护制度,是我国市场化之后所无法比拟的。前三十年,国有企业的职工待遇显著超出了农民的一般生活水平,甚至一线工人的待遇人均上超出了干部的总体平均水平,这样的制度设计是以国有企业为核心的我国产业发展的内核设计之一,这个设计确保了产业队伍旺盛的发展潜力,并且确保了技术、经验和质量的有序传承。如果仔细研究西方发达产业国家的成功产业的内部秩序,就会发现,与我国这一时期的职工待遇制度如出一辙,无论是德国的产业工人、日本产业发展最好的时期的产业政策,还是其他西方强国的产业发展模式,都不同程度地被适当借鉴和融入了我国前三十年的产业发展策略之中,而所有政策中最核心的就是对于产业大军的利润保障,这一时期,为了确保国营产品尤其是国营军工制造和军备工业化的稳步高质量推进,工人待遇问题始终是一个最核心的经济政策设计,而这个设计也确保了我国的产业始终在高端、现代化和全体系化的最优路线上发展,这才使得我国前30年的军事、政治和工业化建设呈现出难以想象的一种逆势发展的稳定状态。

这些发展政策,在我们和平时期的今天很多人看来都是难以理解的,甚至有批评的论调,但是本质上,却是我们发展到今天的坚实基础。

7.2.4 案例:美国军工企业的发展

MOOG公司是美国二战后涌现的导弹关键部件的供应商,在其战后的转型中,从产品上来看是一种从军品单一产品供应到市场化商业产品多样化的发展演变过程,这类过程中,企业从早期的单一服务于军品开发研制为主要内核,逐步向更为市场化的航空航天和其他制造业领域拓展的过程,这个过程不仅是一系列的军工技术逐步商业化的过程,是各种技术路径在试错的演化过程,也是逐步与商业资本与市场结合和合作的过程,这个过程是极为复杂的,从法律上来看,我们可以看到错综复杂的合并和收购过程的漫长法律程序,另外也是逐步形成以法律为边界,构建起市场的逐步划分和整合的过程,在这个过程中,形成了企业占有的固定份额的市场利润比例,从而维系了企业的持续发展和进一步产业升级的可能。

7.3　成熟度评估的实践问题:多方博弈

成熟度评估过程涉及不同合同方的利益的差异甚至冲突、不同利益主体之间的关系,以及不同利益主体之间因为多种可能的博弈因素引起的行为模式的巨大差异,因此在特定的状态下,成熟度的评估过程必然形成了诸多不同的博弈信息结构。从理论上来看,这类评估模型可能形成的信息结构必然具有多样性、复杂性和变动性等基本特点,用一种固定模式来对一个复杂的商用项目或者有商业采购的军用项目进行成熟度评估,具有很多质量风险和挑战,也是这里需要重点建模并加以研究的核心问题。

对信息结构最为敏感的问题包含了下述的几个主要方面。

在进行成熟度评估方案设计时,居于诸多问题之上首要考虑的应该是对涉及博弈关系的主体之间关系和信用水平的深刻了解,而不是"人"之外的物的问题。现阶段世界范围内的成熟度评估中一个重要的误区就是陷入一种对于客观的物的评估的怪圈,而不顾及这些重要的关系的设计。我们用德国二战时期的评估框架作为案例(参考第14章和第15章),提供了对于这些问题的反思。还有一个典型的案例是日本汽车业的安全碰撞评估问题(见6.2.1节),这个测试过程充满了对于事先计划的针对性的详细考量或者对于安排和细节的周密算计,却很少思考人的使用可能会有很多超出计划和安排的意外问题,所以造成了测试经常性失效。大量关于成熟度的教科书中,都强调了客观地对于物的评估的系统性、效率性甚至便捷性、易用性的问题,但是却往往忽视了对这个评估体系的评估问题,也就是人的使用和安排问题。

上述问题的差异一方面是信息的问题带来的,通过对于信息结构本身的反思可以进行部分改善,但是根本的问题是更深层的认知问题等。我们先以最简单的信息问题举例来说明这类问题的误区。假设如果能够采取强力的措施,杜绝信息传输的失真,或者通过任何低成本的方式能够及时甄别甚至减少信息传输的虚假的部分,那么信息结构的复杂状况将会得到极大的缓解。一些本来必须要加以特别设计的博弈部分将会变得极为简单,从而有效节约大量成本。这是不少实践中人们追求的方向,其本身也不可不说是有效的。如果能够在不同层次和级别的主

第 7 章 成熟度在企业层面的实践检验标准

体之间建立有效的信用控制机制,那么必然能够及时降低大量的测评和评估成本,同时也能够降低整体的费用。这类措施是实践中人们比较重视的问题。

一个核心的问题是,在特定的制度环境中军用和商用的信息传输成本是否具有不同的特点或者差异?这是一个非常重要的问题,一个民用商品的制度环境显然不同于军品的制度环境,军用产品的制造出现重大质量事故和损失,应该按照军队法庭的制度要求进行审判和处理,而民用的制度环境尤其是市场化的部分,显然受到的制约较小,而涉及国外的合同部分又有效避免了国内法律带来的成本,因此在制度上又可能产生新的博弈关系。但是我们也可能产生反向的直觉,认为外购的海外生产的产品,可能是因为其质量较高且价格较高我们才加以采购的,在商用环境下,海外采购的部件也必然受到其所在国的法律制度的约束,从而必然不处于一种制度缺位状态,而该国以及该企业在必然不会从低质量的产品中获取超过损害其商业名誉的超额利润的条件下,也会供给足够质量的产品。但是很难保障其提供的产品同其提供给本国军用的物资的质量是类似的水平,从以上诸多问题可以看出,一个国家的产品当暴露在复杂的制度环境下时,必然会产生可能提升质量风险的可能性,而任何一种质量风险都必然会导致最终产品可能暴露于一种不可控的风险和潜在的损失之中。这样的风险控制问题在整个生产制度环境下都是需要仔细加以研究并通过多种可能的制度约束加以克服的。

下面略谈量化甚至框架化的困难中的本质问题。信用和风险问题内嵌于任何一个制度环境中,而不同的制度背景下,尤其是在现阶段因为经济发展和法制健全程度的不同而出现的问题的本质属性和特征都不尽相同,而这种本质上的差异假设可以从现象主义的视角加以刻画,那么形成一种模型是不成问题的,但是其普遍的适用性未必是可以保障的。因为其模型的意义不在于是否成功刻画了设计者心目中当前的核心矛盾以及可能被观察到的关键问题,其根本目的是具有广泛的应用性,而这一点在前面的论述中也显而易见往往是不能被保障的,因此只可以退而求其次,即在同评估者进行有效沟通中,或者培训新一批的评估者,甚至是构建一个更为合理的评估团队的时候,这类模型可以更为有效地作为一种解释性材料,使评估者更容易抓住问题所在。然而,如果想要在环境改变的时候,甚至在不断变动的博弈序列中随时抓住重点,这类模型还是起不到什么作用的。这类模型最多仅仅可以从理论上揭示一类问题,让人们在现实的问题中因地制宜地找到更为合适地解决问题的关键点,而这些关键点往往是在信息结构中隐藏得比较深的。也就是说,从某种哲学层面来看,信息结构是不可能被穷尽的,其本质上的复杂性只可能通过环境上的方法加以解决,而不可能在合同或者法律制度的框架之下加以简单的弥补,我们必须要对这种关键的问题加以警醒,要了解到任何一种重大的潜在损失,一旦发生,都需要我们立即反思是否我们已经偏离了问题的本质,或者说我们甚至在评估过程中就根本没有预料到还有这类隐藏的信息结构的存在。从本质上来看，这是一个质量和成本的矛盾问题，在质量上不可能达到完美的均匀状态，如果要想达到则必须要承担不可能支付的成本上，而且更为重要的是，即使成本上做出了极大的牺牲和让步，在特定的极端恶劣的信息结构状态下，也仍旧无法完成我们预期的任务。所有这些都是可以被提前了解到的，但是是否能够将这类极为负面的信息有效传导到我们的决策层面，是我们这里需要最为谨慎解决的问题。而且更重要的是，当我们了解到即使存在隐患，但是用有限的预算无法解决的时候，我们应该放弃什么？来确保什么？这是一个更为尖锐的问题。因为一旦开始就不可能停止，是否我们还需要考虑彻底失败的状况？而且什么样的失败是我们愿意承受的？或者说从可控的路径选择中，我们能够接受什么程度的失败？而这样的思维，就决定了我们能够享受什么样的成功。这类问题是艰难的抉择，我们必须要加以时刻注意，才能做到不断提升现有质量，而不是放任现有质量不断随着我们的放松而降落到我们不愿意接受也接受不起的水平上。

我们还要反思一种现象上涉及本质的观念。我们看到二战时期并没有我们今天使用的管理系统这类似乎更为高效更节约成本的信息化手段，但是那时在战场的压力下成熟度达到了我们在案例中可见的很高的水平，人们必须要承认实践的重要价值，实际的竞争过程对于效率的提升意义是很大的，这也是我们学习经济学的重要意义，因为其核心问题就是效率的评估问题，而这个问题很多时候并不是显而易见的。但是今天的困难之处在于人们普遍认为二战后建立起来的信息化的软件系统解决了很多实际中存在的管理问题，但是一个关键问题是，是否依赖现代化的科技手段例如高速信息的处理、传输和网络系统，从某种程度上是改善还是彻底解决了上述的成熟度问题？尖锐的矛盾是，是否这些信息化的管理工具本身就是解决成熟度必要的以及完全的解决方案？我们说这是一种复杂的讨论，我们不应该否定现代化的智能手段有助于解决问题，但是如果这个手段彻底解决了问题，那么似乎我们今天的企业竞争或者国家之间的竞争就不再存在同以往类似的领域的竞争问题了，那么我们进行的很多讨论也就不存在延续性的意义了，难道我们的工具如此有效、彻底地改变了我们研究的问题吗？企业之间已经不是传统意义的竞争了吗？似乎不少人仍旧这样认为，或者至少认为今天的竞争要比以往的竞争更加复杂。我们可以说复杂性可能因为工具的使用变得提升，而不是降低了，这的确是一个更值得人们思考的问题，更为关键的问题是，复杂性提升之后，传统的问题是否还继续存在？

我们如果以某种全息的视角来探讨二战乃至之前的产业，我们就不会继续这么轻视工业化发展的中段乃至前期的问题了，在本书 8.3 节专门讨论了技术的停滞的现象和深刻原因，这个最新的反思基于一种全新的思考，也就是我们本身不处于科技迅猛发展的时代，而是一个科技全面停滞的时代，这才是我们真正需要认真反思的实际问题。

第 7 章　成熟度在企业层面的实践检验标准

这类案例比比皆是,而人们却往往视而不见。在本书中,后面将对这样一些信息结构和具体问题进行一些教科书式的模型化处理,从而让人们更好了解在具体问题上需要什么样的态度,以及什么样的评估结构才能完成至少特定条件下的成熟度评估。

第 8 章

专家与测试问题

8.1 测试问题

在研究测试问题的时候,我们要特别注意,成熟度的一切概念和实践都旨在达成结果主义的最终的目的,这意味着我们是在使用很大的成本意在达成事后的盖棺定论的结论,这才是我们最需要了解的成熟度的内涵。但是这里存在严重的哲学认识论问题以及博弈论问题,即"事后诸葛亮"问题,或者称为"hindsight problem"。这很容易理解,因为事后观察的角度,很容易掩盖事情发生之前的视角以及本来应该付出的巨大的代价才能得到正确的认知这件事本身。

结果正确,实践才是检验真理的唯一标准,是我们必须要坚持的基本原则。了解上述的问题之后,我们就很容易弄清楚在实践过程中专家也很可能误导决策,而造成强大的负向的压力,乃至于引发社会舆论、内部不团结等问题,但是如何解决类似问题,是需要组织和企业决策来把握方向的。既要重视内部专家和外部专家的问题,也需要注意内部、外部专家的关系问题。

首先讨论外部专家的问题。以德国二战时期的专家团(即监察团)为典范(参考第 14 章和 15 章对应的德国军工发展的案例部分),这就是外部专家,但是需要是专业的高级掌权者作为专家团队的领导者和具体组织者,而且这位领导者必须要有同产品紧密的利益相关关系,如果不满足上述的条件,那么很容易出现动机淡化或者动机扭曲,从而无法产生有效的产品效率。另一个例子,就是我国在"举国体制"时代进行的科研创新的经验,一般而言都是由相关的军事领导人作为科研创新的一把手来进行主管,即监管团队的领导,来执行具体的监管职责。如果没有这样的实权就不可能产生适当的强动机,来推动科研的进展。我们可以看出,无论是德国还是我国前三十年的制度设计,都是类似的,抓住了整个研发最为关键的动机机制,从而才能正确设定各方的职责,最大化研发的效率。

内部专家团队,对应二战德国的测试组的职责。如何遴选测试组成员是更加困难的。因为让相关权力机构的领导人挂衔领导监管任务,无论中西方的管理体制都是类似的,也容易确定性较高地完成制度设计的基本的规则,而且也不容易出现很大的纰漏,最多就是因为职权不足,导致工期或者进度受到阻碍,无法投入充足的人力物力和制度政策促进作用,这样的问题往往是显然的,也是很容易找到问题的现象端倪而加以解决的。但是内部团队的问题却很棘手,很难发现其中的问题。本章特别指出了专家中的某些倾向是值得关注的,也强调了专家的判断不能替代企业决策,参考二战以及战后的诸多案例,即使是专家普遍一致的看法也不应该从制度上替代决策的过程。

8.2　谈两种成熟度概念中基本的测试问题

军品的测试不能绕开实战,任何非实战的检验都是粗糙和不可靠的。因此,任何经过实战检验的武器装备都要比概念化的武器装备更受青睐。军品对于产品的成熟度要求也有不同的导向性,既有对高性能的装备的不惜一切代价的需求,又有兼顾普通列装实战武器成本属性的需求,尽管不如对商业产品投资利润性的优先考虑,但是更好的经济性对于武器装备的现实应用具有极为重要的价值。

因此,军品至少具有两种成熟度要求,对于关键武器的成熟度以及对于规模列装武器的成熟度要求。前者要解决的仅仅是有没有的问题,后者需要解决的才是一般武器装备在规模列装时考虑的复杂的成熟度指标体系。

产业化的商业产品往往也同军品密切相关,因此成功的产业化产品尤其是规模化的大型制造业装备,许多都脱胎于军品装备的制造产品,因此,这些产品第一次经过的检验流程不是市场,而是战场,在战场经过检验之后,才来到市场中。现实往往无法产生战场的需求,因此不少高质量的军品需要漫长的时间才能逐步将其产品的技术转化为市场价值,大量的实例说明了现实中的民用商品很多来源于军品。但是现实生活产生的市场具有更复杂的成熟度维度,所以具有非常复杂的特点。

我们先简短讨论军品领域专家的两种倾向。我们知道军事领域的专家或者说掌握军事实际权力的人才选拔,在实际的操作层面长期存在两个不同的重要派别,一个派别重视实践,轻视军校培养的速生人才;另一个派别重视军校的人才培养,也强调军校对于实际的后续人才长期的知识和物质支撑作用。前者与后者在实践中的倾向不同,前者重视军队中实践的作用,倾向从逐级的实践中选拔人才,后者倾向于在军校的系统培训,希望结合军校的基本功能进行人才的遴选。这两者在现实中都有强大的社会基础和实践背景,了解这两个思维方式对于我们理解军品制造具有重要的意义。对于上述两类专家的存在,我们都要重视,尤其要了解二战中主要国家对于这两种人才的使用,我们知道军事实践是极为强调实践性的一门学科,我们不排除军校具有遴选人才的功能,而且历史上很多著名的军事人才都具有不同程度的军校背景,但是毫无疑问,我们不能过于强调学校教育本身的重要性,不能将军事领域的学校教育同实践本身并论,这一点是我们讨论所有问题的基础。这里我们不深入讨论军事教育本身的机制和问题,我们仅仅将上述问题作为我们了解一系列问题的背景来进行下述问题的展开。

对于一般的商业产品而言,我们需要了解,专家的多样性和知识相对于现实的实践可靠性是决定信息反馈的关键,尽管相对于实践本身而言,这个反馈并不决定什么,仅仅是一个工具,但是对于以人类依赖社会关系建立起来的社会机构的效率而言,这个信息反馈的效率有时,尤其是在和平年代,决定了制度的效率,尽管制度不能解决一切问题,也不能替代实践本身,但是讨论制度有时还是有价值的,尤其是对于和平年代和针对非军事的社会群体的经济行为而言。

本书在第一部分就讨论了知识本身带来的复杂性,在认识成熟度的整个过程中都居于重要地位,这里从实践角度来看,专家本身的认知对于提升反馈信息的系统效率具有重要的意义。常见的一些误区我们这里需要特别加以说明。

一个首要的误区就是知识本身的误区。掌握知识越多,本身意味着对于自己所掌握的知识的辨别程度可能会下降。这一点从第 1 章就开始逐步铺垫。知识本身具有复杂性,不是内在一致的知识都从属于同一种类的知识,更无法仅仅通过内在的一致性判别知识的对错。所以一个人掌握的知识越多,无论这些知识的内在结构越混杂,还是越简单,都无法证明这个人本身对于自己掌握的知识是否具有同知识的体量同等的反思能力。知识越多如果反思能力越低,而坚持自己已经掌握的知识的固执程度越高,就会带来知识的诅咒,即无法以开放的心态认知新的知识,顽固不化,甚至开始反对同自己理解不同的知识。这就是知识在个体中一般的常见现象。知识在群体中常常存在于生存状态稳定、社会冲击很少的中间阶层,这些阶层间呈现出对于异质性知识的集体的排斥态度,这种常见现象会导致很多知识传输主动或者潜在的失真。

我们这里无法彻底枚举类似的现象,但是毫无疑问,一个个体的认知,以及一个群体或者阶层的认知,靠自己的反思能力是无法进行彻底地重建是与非的过程的,一般而言,不同的国家或者外部群体会出现严重的对立或者竞争,本质上就是他们之间观念的冲突导致的人类集体演化行为或者现象,冲突的内在观念可能会导致外部的冲突,从而表现为战争,而战争的生物学意义可能也具有一定程度的以简单粗暴的方式来为人类集体提供是非答案的功能。所以,军品成熟度从整体演化上来看,承载了不同群体内在的知识和信息的效率性,对于同样的战场效果而言,可能反馈的时间越短、效率越高,做出有效反应的能力越强,本身在人类社会的竞争中越容易产生实际的效率和积极的演化结果。所以说,群体的竞争反映在激烈的军品的战争实践中,实践是一种客观、冷酷的检验标准,如果一个专家群体、技术群体不能高效反映客观的全部可能性,而是故步自封,按照自己陈旧的知识体系来进行推演,不能及时按照实际的问题进行修正,那么就可能会导致集体的灾难。

在这里我们必须要补充说明,历史上的战争如何解读也是一个极为复杂的事情,如果我们审视二战期间德军的效率问题(参考第14章和第15章的案例部分),我们不能得出基本的结论说是因为效率的低下导致德国的失败,我们看待这个问题必须要从历史更高的层次和维度来进行才能得到至少说服自己的结论,我们从历史可以得出一个基本的得到公认的意见是,战争胜负不仅仅是效率决定的,更重要的因素是道德性,道德性不足必然导致外部敌人团结起来对其进行围攻,二战就是如此,道德不在德军一边,即使效率可能胜出,但如果是群殴,那么就无法获取战争的胜利了。所以,我们更应该深刻反思的是效率和道德性之间的关系,为什么道德不足的一方反而可能具有更高的短期效率呢?这已经超出了我们这里讨论的范围,但是毫无疑问,知识的维度是极为复杂的,靠我们简单的思维和推理得到真理的可能很小,实践中我们即使掌握书本中大量的知识,也可能会被扑面而来的事实撞得头破血流。历史从来都是类似的事情一再发生,如果按照这样的推理或者逻辑来进行审视,我们可以看到类似的历史解读逻辑在工业化之后的历史中存在极多案例,我们一再提到的二战时期的装备制造问题就是典型的案例,本章主要从专家、技术人员和知识管理者的角度来讨论这个问题。

如果我们需要维系一个健康的知识环境,那么我们必须要维系多样性的知识存在,我们很难依赖单一的标准或者维度来遴选,如果我们按照单一的标准来选择专家,很可能被市场所击败。我们凭借自己教育的"强大"无法唯一地决定市场的成功。无论摩托罗拉退出主流通信终端的制造市场,还是诺基亚,还是日本从2000年之后被一系列新生代的电子产品排挤出消费市场,我们都看到,一时的强大根本不能决定长期的强大,无论这个强大的背后是唯一的世界霸权美国,还是当时能买下美国的世界第二经济体日本,还是北欧的科技强国芬兰,毫无疑问依赖固有的教育产生的知识精英无法确保自己的产品永远立于不败之地。

企业是否可以按照标准化的考试流程来遴选专家?或者对于标准化的考试给予任何显著的权重?这是一个认识的基本的分水岭。标准化的考试被用于在大国中进行遴选已经有上千年的历史,这种遴选的设计思路是以最低的成本、最快的方式来选拔治理人才,这是一个国家在资源和人才稀缺的时候不得不采取的对于人才的选拔办法,但是其本身是具有不少争议的,无论是古代社会还是近代乃至于现代社会,人们持续反思了这种遴选的主要危害,其关键的危害就是按照一种可能极大简化的认知体系来对多样性人才进行遴选的办法,如果大量的人口被卷入这样的遴选,则是对于人才多样性的系统性降低。一个企业需要特别注意,若不是企业处于资源极为匮乏的状况,都不应该采用标化的考试作为遴选的任何一个环节,因为这样节约成本,带来的是企业后期更大的、无法避免的其他成本的上升。

专家队伍的培育，代表了这个企业的一种核心竞争力，这个团队不是向外界炫耀高学历或者高层次的一种名誉上的提升，而是一种实际的知识结构和知识来源与知识多样性的储备库，如果一家企业采取过分敷衍的形式来形成自己的专家库或者测试人员的团队，那么这个企业本身就放弃了自己对于产业升级的任何希望，也无法同其他类型的企业进行实际的竞争。

很多企业都重视关键人才的培养，而不重视长期的对于人才队伍的梯队建设，每一个人才的招募对于企业人才、专家队伍的扩充和长期维持都具有实际和重要的意义。这个意义类似于对工人团队的长期构建，不是一朝就能够完成的任务，需要巨量的资本投入，以及长期的福利维系，才能最终拼过其他的企业、其他的国家，从而才能立于产业的不败之地。如果一家企业无法维系专家测试团队足够多样性的知识储备和知识结构，那么也需要维持一个企业的专家队伍的开放性的知识态度，不断强化学习本身的能力提升，即使没有大量的、多样性的来源，也需要从自身的团队中不断培养下一代的专家人选，这是更为重要和关键的任务。很多企业过度重视外部人员的引进，而不注重内部人员的培训，这是极为错误的人才策略。

8.3 对于专家、技术和知识的世界范围的反思

8.3.1 后疫情时代科学界的反思

我们提到专家和技术问题，就必须要反思现阶段世界范围这个群体最大的潜在问题是什么？除了后续我们介绍的工人和产业的问题之外，我们现阶段最大的问题就是对于知识和专家的认知问题。疫情作为主线的时代，世界范围都在反思关于知识和专家的问题，我们很难直接反思科学本身的问题，这里我们仅仅做一个基本的问题的简要描述，来提示当前人类作为一个整体所面对的问题的关键点。

我们不得不说，我们生活在科技概念非常炫目的时代，人们拥抱科学和科技的热情很高，而且每年都有大量的概念出现在流行的媒体中，让我们沉浸在一种科技日新月异的假象中，近期科学界开始反思我们实际的状态，即我们早已经实际处于科技长期停滞的平台期，而所有炫目的演化都是各国为了缓解科技停滞带来的痛苦而制造的弹幕而已。

2023年1月14日的《经济学人》(*Economist*)对于现阶段的科技和科研大停滞现象(downsizing)进行了一个非常简略的反思，其标题是"革新性的想法在哪儿"，用于反思现阶段乏味的科学和学术界进入一种高度内卷的现状。

2023年，美国经济学会的年会在新奥尔良(New Orleans)举办。经济学期刊评论说，希望寻找突破性创新思想的人们一定很失望。几乎所有的新工作都将严谨的数据分析和繁重而痛苦的数理工作作为自己的目标，不少参与者都反映，这类建

模工作几乎都无法提供令人耳目一新的结果,因为他们所做的仅仅是在既有的或者公认的假定所界定的知识内部进行验证性工作,在限定范围进行工作是安全且不会出错的,但是不会有什么意外和突破。从本质上来看,他们是厌恶创新的,因为创新意味着破坏,破坏必然带来风险。

人们几十年以来早已经感受到整个西方蔓延到世界范围的学术雄心在不断萎缩,证明这个直觉的事实并不缺乏,这已经不是什么道听途说的传闻了。学术的繁荣俨然已经呈现出一种颓败之势。近期的《自然》杂志中,Park 等(Park et al., 2023)分析了从 1945 年到 2010 年的文献引用数据,并对于"Disruptiveness"进行了评估分析。这里"Disruptiveness"是指那些显而易见的具有首次性质的文献,也就是当其他文章引用此篇文章的时候,不会提及任何该篇文献之前的更早的作者。这是重要的、具有学术影响力的标准之一。该篇文章称,在这个时期,具有这样特征的文献开始出现了急剧下降的趋势。即使在纯粹科学的学科中也是如此。乔治梅森大学(George Mason University)的 Tyler Cowen 评论道,在过去的 30 年中,具有可信性的实证工作和统计估计急剧增加了,这不是什么不好的事情,但是真实的状况是很少有新的观念产生。这种趋势暗示了在全部的科学领域,都出现了至少半个世纪以上的潜在的群体性停滞。这是可怕的,但是毫无疑问,这些内容背后的原因可能更加可怕。

New Orleans 的这次年会可能和几十年以来的历次年会一样,与会者见到了重量级的学者,提供了一些耳目一新或者至少是有趣的想法,但是其突破性的程度罕有能和纳什均衡或者非对称信息这样的概念一样,具有极大的突破性创新的意味。与会者还认为,在过去几年对人类产生巨大冲击的事情真的不少,很可能这些现实的冲击会刺激学者们产生有趣的想法或者突破性的创新。毫无疑问,这些盼望都是好的,但是永无休止的各种年会也反映出令人窒息的学术界,也还是在循规蹈矩地延续着。2023 年 2 月 4 日的《经济学人》更是直接指出了几十年以来的学术研究的质量在不断降低,这里的讨论说是因为基金的评估周期造成了探索突破性创新的更具有意义的科研题目被制度淘汰了。伦敦玛丽女王大学的 Moqi Groen-Xu 说他收集了英国二十年间三百万篇科研论文进行数据分析,英国科研管理机构和基金组织循规蹈矩的科研评估条条框框地限制并驱使科研人员更加重视数量而不是重视质量。这个评论者认为是英国的官僚主义导致了科研创新的匮乏和停滞问题。他说,在科研评估日的期限到来之前,有大量的科研论文发表出来,但是质量在不断降低,这些基金的申请者为了应付基金的要求,不断降低期刊的等级,引用率越来越少,而因为与日俱增的巨量的投稿导致拒稿率也是越来越高,这几乎是在描述英国学术界的内卷现状有多么严重。这一趋势在基金评估周期结束之后,就会出现显著的逆转,这意味着如果能挣脱基金的束缚,则科研项目的创新性则可能得到很大的释放。这篇论文毫无疑问是从风险分担的角度来描述这种科研陷入创新性匮乏的原因,但是本质上是因为科研学者的独立性在不断降低。他们要么就是更加物质驱动的,要么就是经济比较匮乏的,要么就是本身根本没有什么科研兴趣的,而仅仅是一种完全为了谋生的利润最大化行为。他们的科研动机是值得拷问的,即使有了充足的时间和金钱,他们真的有什么创新的可能吗?以办企业的方式来办创造性的未来的可能性,是全然的利润最大化行为吗?

应该深刻反思和怀疑,任何一种具有突破性的创新过程中所应该有的动机,和功利主义的动机是完全一致的。如果一个人的目标仅仅是获得足够的金钱和名誉,那么他需要研究的应该是期刊的口味、偏好,以及设定科研项目的机构的倾向和规划,而所有这些都是既定计划中的一部分,如果一个真正追求真理的人,将自己局限在这样的范围中,而不是首先按照自己的智慧来设定自己应该研究的内容,难道前者更可能研究出更伟大的发明,而后者仅仅是充满幻想的理想主义者吗?显然人们会说,有多少钱,就能办多少事,如果没有钱,我根本不会给你那么伟大、那么具有价值的结果。如果真的是这样,那么科研市场几乎就是一个按照价格来给付同等价值的科研产品的市场了。这样的市场如果是按照重量来度量,那么还可能有些精确性,如果是按照质量来度量,那么就要深刻怀疑到底哪一方有资格来评估了?

当这些学者在抱怨是基金制度限制了自己的科研的时候,我们首先要想的是,世界上还有更多的完全为了自己的理想而拒绝任何资助的空想主义者,他们为了维持自己的科学热情和科学理想,不愿意任何人干预自己的科研决策。即使面临了一些财务上的困难,但是只要能维系,他们必然还是会坚持下去的。如果说,有些基金申请者认为基金的政策干扰了自己的科研创新能力,我们应该有充分的理由说,这些基金申请者几乎不可能有什么动机去做出重大创新性的科研,因为他们不过是一些冒充科研人员的功利主义者,他们用科研来谋生,而全然没有什么基本的科研的道德原则。科研的道德原则应该是尊重自己的创新能力,是自己放弃了自己的自由,而不是基金的设定者。如果说有人因为发放慈善基金的时间不对,如果半夜发放就会少一些饿死了,导致一些人本来可能不饿死的,但是因为晚上善人没有发给他们吃的,他们才会饿死。我们此时应该问,是不是所有的人都有工作能力,如果一个世界根本没有善人发放,连白天也没有一个人发放食物,更不可能的是在他们饥饿的时候适时发放,难道世界上所有的人都会逐步饿死吗?世界难道是必须要随时发放食物,才能维系的存在吗?

8.3.2 将反思应用于实践

二战之后到现在,我们可以看到,各国的专家除了极少数之外,多数都严重脱离了大规模的实践带来的紧约束。战争的约束是非常紧的,因为作战的双方都在不失时机加强自己有针对策略的武器的升级,只要稍微落后一点儿,就会出现严重

第 8 章 专家与测试问题

的,或者至少是显著的技术落后带来的实践问题,这些问题如此容易被直接反映到作战的具体实践中,以至于所有的专业技术人员和工人都能够接触到实践中直接检验的明确证据,做出错误判断的可能就会大大减少。即使如此,人们还是容易因为信息的传递,或者资源匮乏、财政预算紧张,而很难立即将前线的问题直接反馈到实际的工业生产中,可能会出现显著的落后,以至于其他的更严重的问题。所有这些问题,在以实践为根本的时代,相比于和平时代,更加引人注目,也更容易得到多数人的认同,从而较容易达成较为显著的偏向从而形成较为稳定的长期共识。

但是和平时期显然不是如此,人们不会如此广泛地了解实践中到底如何,而且即使出现了错误的认识,也很难通过简单的方式说服对方,而说服的过程不但成本很高,而且这个过程可能非常耗费时间,效率的降低就必然要求对于专家的遴选在和平时期,不能像在战时一样按照简单的实践原则来进行,和平时期替代的方式就是简单的知识性的测试以及其他的非实践性的替代性方式,所有这些方式都是基于实践的,但是在"知识膨胀"的年代,就会出现认识论上的矛盾,一方面得到公认的基于实践的知识越来越少,另一方面因为投入巨大的教育和科研经费,用于知识生产的参与者和产出需求就越大,从而产生了一种悖论,就是和平时期的知识生产繁盛但是突破性的创新知识越来越少,因为这些知识所基于的假设还是从之前的实践中得到的更可靠,经过反复验证都无法推翻,因此知识很容易形成一种闭环,越是没有新的实践,这种的新知识的闭锁性越严重,因此我们不得不面对知识爆炸但是创新稀缺的知识悖论。

这个问题如此严重,以至于在实践中,很可能出现很容易找到不少理论上的专家,但是一个实践性强的专家都找不到的状况。这样的状况是整个时代的特点,无论哪个国家都无法避免类似的窘境。人们发明出"内卷""做题家"等词汇来描述上述的这个现象的不同方面,但是毫无疑问,我们要想彻底解决这些问题还需要走更长的路,因为形成新的共识从本质上已经变得艰难。理论和实践都指向了类似问题,我们这里举一个鲜明的例子,作为本章节的典型范例,请参考 13.4 节中乘用汽车产品的例子作为我们的典型案例来进行讨论。

从一般意义上了解专家和技术人员的差异性是一个关键的难点。专家的群体是一个复杂的生态系统,至少比一个复杂的森林系统还要复杂,我们不能小看这个群体内部的复杂性。从人类社会角度,这个系统承载了知识方方面面的相关安排。人,一个人,依赖其天赋,形成了一个容器,承载了知识;形成了一个传播的行动者,向一个社会的部分群体发挥其知识载体的功能,至少是一个局部的权威;形成了实践者,还参与了社会的重要决策实践活动,对于现在和未来的世界发挥着不同重要程度的影响力。

毫无疑问,我们这里强调的不是上述基本的相似之处,而是强调不同之处。差异性产生了群体的复杂度,世界以某种极为复杂的形态和标准在进行复杂的结合,某种结合产生某种形态的组织化建构。以知识的观点,一个企业是某种知识的特定水平的结合体,一个大学也是一样。不同的企业之间存在明显的竞争性,高水平的企业是通过自己对于低水平企业的市场竞争行为捍卫了自己的高水准,而不是通过其他的非法手段。因此,如果市场竞争的程度某种形式上被扭曲了,那么高水平企业就会混同于低水平企业了。如果微软无法捍卫自己的市场地位,那么微软数十年间积累的高水平人才将会顷刻解散,他们自行寻找自己的归宿,未必有现在好,但是树倒猢狲散,也是没有选择的选择。所以高水平企业是在激烈的竞争中树立起来的。如果一个企业没有竞争就位于高利润状态,这可能吗?我们说这是其他力量使得这个企业处于这样的高利润状态,可能因为这个高利润也积累了一定比例的高水平人才,但是人们此时最为担心的是如果竞争进入,那么这个企业还能形成有机的组织性来抵御系统的冲击吗?如果永远没有冲击,那么就不会有类似的担心了。但是毫无疑问,这个企业的存在形态是值得质疑的。

非常类似地,一个国家如果实行了所有大学的平均主义的改革,类似于欧洲,例如典型的德国等,另外例如学习欧洲的日本等,这样的状况是很值得质疑的。最终,在十几年之前,德国饱受了平均主义的灾害,数百年的大学积累和二战之前德国大学的名声尽数归零,远远不及美国等国家的大学更有竞争力。所以,一个大学也是由知识群体构成,极为类似一个企业,高水平的企业才能真正利用高水平的人才,一个刚建立的低技术企业,如果恰好有一个极高水准的技工来应聘,即使入职,也很快被弃置一旁,因为这些企业无法利用这样的高水平员工。所以称之为劣币驱除良币,如果一个国家的大学平均化了,那么高水平的人才就没有地方可被高效利用了,一个国家的企业如果被某种趋势削弱了竞争,那么高水平的人才也无法找到自己的存身之所。所以,不是老板不用,而是环境用不了。这是微观上人为所不能及的,但是如果老板能够慧眼识别,经历艰难的过程,也能发觉金矿,为企业、社会所利用。这个过程是特别艰难的,如果没有良好的竞争环境,仅仅依赖人为的因素,那么这样的过程将会是一种制度性的突破,代价很大,但是对于世界的贡献也很大。

上述问题就是专家问题中的关键,也是一种制度上的构建思路,也是一种具体的使用人才的组织形态。

第9章

产品问题——定位、设计和利润

9.1 针对成熟度的阶段性划分

第一个阶段,按照袁家军(袁家军,2006)的描述,产品初次研制阶段,是从使用或采购要求提出,到研制形成基本满足要求的实物产品的过程,是产品成熟过程的起步阶段,其工作内容涵盖了当前型号研制程序中的方案、初样和正样(试样)阶段工作。这个阶段一般而言包含了一些不同研发生产背景所特有的细微的权衡过程。背景分为大致三种,第一种是全新模式或者产品的初创,第二种是在已有且已经掌握核心技术的模式或者产品基础上进行较大的创新,第三种是在已有但是自己不掌握的技术基础上进行创新。

这三种的难度是不同的,第一次创造出飞机、坦克或者某种机械装置的发明人的工作属于第一种,而我们今天的发展阶段和实际状况,决定了我们要么是在我国已经建立的工业基础上进行第二种创新,或者是在已经了解外国技术的基础上进行第三种创新。因此从某种意义上来看,这种创新的难度不如第一种,但是从某种意义上来说,第二种和第三种既有重合的部分,也有各自不同的特点。第三种从某种意义上来看比第二种更加困难,尤其是外国对于我国的技术没有直接的支撑、支持,甚至处于技术封锁的状况中,这样的开发难度是很大的,除非我们可以得到一些样机作为逆向工程的基础,或者我们可以得到一些具体的技术信息、数据或者制造原理的阐述、说明和图纸等。第二种尽管是在自己原有的技术基础上进行创新,但是事实上,因为所需要的新应用环境可能非常苛刻或者特殊,从而导致研发的技术难度也很大,因为此时没有外国的技术或者支持作为参照,甚至某些难度已经接近了第一种,因为需要发明一种现阶段没有的模式或者新部件等才能决定性地提升该产品的技术指标等。例如,如果在不掌握高速飞行设备的基本原理的基础上,发展数倍甚至更高马赫数的民用飞行器,就是类似的一种计划,如果这种飞行器还需要在航空、航天等不同环境和多领域中运行和应用,那么几乎已经等价于第一种的技术难度了。

我们这里讨论的C929的技术难度,是混合第二种和第三种技术难度的第一阶段的研发活动。从第三种角度来看,C929是国外产品已经达到或者近似达到我们预期的高端商用机型,我们并没有类似的产品可以完全自主国产化,达到从设计到生产的全面替代。另一方面从第二种角度来看,C929在某种意义上仍旧是对于现有机型的一种升级和改进,但是我们预期比较现有机型应该有多种维度上——从产品质量到国际客户满意度全面提升的一种较大程度的升级和替代,因此从该意义上,一些非常关键的零部件以及配套服务需要有更大的提升,才能满足其在国内和国际市场上的高端、先进和商业产品的全面目标的实现。从某种意义上来看,这一产品是对于现有国际同类产品的一定意义上的超越,如果不如此,就不是高端先进的产品,也很难为国际市场所接受,从而实现其在国际市场商业化销售目标。

从这种意义上来看,对于关键部件,是全新的研制甚至是我们现有技术所没有的一种创新形态,这就符合了成熟度第一阶段的定义和要求。但是因为是全新的设计和创造,所以这一阶段预期所取得的成绩将会有两种可能,第一种是在现有基础上有一定的升级和改造,但是升级的程度不高或者说没有显著超越其他国际同类竞争产品的水平,第二种可能的结果就是显著超越了国际同类竞争产品。前一种结果对于第一阶段的要求相对较低,而后一种可能的结果将会对于第一阶段的设计和研制设定更高的难度和预期的目标。因此,如果要对第一阶段的成熟度问题进行详细的研究,我们必须要对上述两种场景进行研究。

第二阶段,产品重复生产和使用阶段(袁家军,2006),是产品完成初次研制后的重复生产、使用和验证过程,是型谱化产品实现成熟度提升所必需的重复应用和3类关键特性的"再认识、再设计、再验证"阶段。依据应用验证情况,此阶段的该过程可能有多次反复的实际状况。朱毅麟(朱毅麟,2005)从产品体系建设、建立型谱的目的和实质等方面,阐述了型谱是产品实现通用化、系列化和模块化的指南。

在关键部件的科研攻关完成之后,我们就初步了解了该产品基本可能达到的一些硬指标,即未来的产品质量从多个维度来看,我们了解了其可能处于的一些质量区间。但是就经济性和商业运行来看,所谓质量的问题才刚刚开始,也就是经济和管理学此时需要开展的工作,才刚刚开始。未来该产品可能处于市场的实际地位,将会主要在这个阶段逐步发现。

第三阶段,产品定型和升级改进阶段,是产品完成小批量生产和应用验证后的状态固化和持续改进过程,是产品进入现货供应模式并进一步提升其成熟度的阶段。进入该阶段的产品,实际已经达到了相当高的成熟度水平,已经能够在商业上选用具体的市场化或者非市场化的生产模式来具体实现其在商业市场上广泛运作的现实安排了。

从多数的产品角度来看,具体的实现需要考虑的方面是很多的,包含国际商业的环境、政治和经济发展的状况,客户所处于的地缘政治和经济承载能力都决定了该产品具体的售前和售后安排,甚至对于具体的生产环节都会产生很大的影响,从而需要不断对于具体的问题进行调整甚至改进。这一阶段的改进本质上同第二阶段不同,具体实现中的改进较多。

但是如果后期第二阶段的问题重新出现甚至突出出来,可能选取的策略有:要么重新进入第二阶段进行重验证,但是这样的策略造成的成本甚至可能高过全面推倒重来,因此,设定新的版本目标,进行更新版本的设计研发,可能是更经济的策略。本质上,这个问题涉及外部或者现实需要对于产品现有版本的挑战到了哪种层次。第一种层次,外部竞争者或者自己主动发现的新需求已经危及现有产品的市场地位、客户满意甚至需求,从而需要提升版本的市场适应能力甚至提升该产品的核心硬件指标,以抗衡竞争者所推出的更有竞争力的产品。因此,对应于以上多种需要,需要从第二个阶段来进行重新解构和创造,仅仅第三个阶段的研发无法满足现有的需要。第二种层次,也就是外部冲击不明显,需要进行革新的外部动力不足,而仅仅调整现有的产品系统问题就能更好满足客户的满意度和需求。这个层次上的创新可以仅仅在第三阶段展开工作,而更重视市场化的需求反馈,而对于关键部件的改革需求并不突出。

对于 C929 版本的定位分析,一方面现有的 C919 已经能够达到第一阶段的成熟度的基本要求,但是其关键的部件还受到外部很大的限制,需要进一步提升其自主研发和自身的创新能力以提供比现有竞争者更为过硬的技术指标和稳定性,因此,C929 一方面需要从第二个阶段来展开工作,而第三个阶段的工作也是当前需要不断完善和提升的重点领域。设想 C929 这一代机型如果已经能够完美满足第二阶段成熟度的硬件指标,且相对于国际市场的竞争者已经形成优势,那么未来的多种机型将会井喷式爆发出来,从而不断推出在第三个阶段的成熟度基础上的更好满足客户需要的多种机型。这将会是一个非常好的未来愿景。从另一个角度来看,如果当前 C929 错过了这个进行第二个阶段成熟度的创新机遇,则可能错失国内外的不少市场份额,C929 如果不能形成相对于国外竞争者的相对技术优势,则这个技术突破的重任将会不得不放到后代机型的研发中来完成了,因此,这个研发的难度将因为市场尚未充分开发,利润和市场都不能提供足够强力的推动力,而面临不断加深的难度。因此,C929 是一个承前启后的关键机型,如果能够从第二个阶段的成熟度有较大的突破,则未来将会有极为振奋的市场前景,对于有力冲击国际市场,也提供了一个足够强的驱动力,这是 C929 的历史使命,也是本书所主要分析的关键问题和目标。因为 C929 在吸取了 C919 的市场反馈的基础上已经积累了不少商用航空飞行装备的市场经验,因此从第三个层次上也可以更加发力,因为充分市场化的第三个成熟度要求,仍旧是长期以来的终极目标。后续我们将会论述,在第三个成熟度等级上来看,C929 的工作内容,同第二个阶段的成熟度同样重要,同样不可忽视。即使第二个阶段的任务提升空间有限,如果能充分做好商用和市场的工作,那么也会对于未来的发展有很强的推动作用。因此,无论如何,第二还是第三阶段的成熟度工作,是当前的两大核心目标任务。

任何一个版本都有其生命周期,在相当的时间范围和应用范围中,第三阶段的实践对于后续升级机型也会有很大的经验积累,因此第三阶段和第二阶段往往是同步平行进行,并且带动了更多版本的不断产生和创造。这个过程是成功产品必然需要经历的一个极为复杂的系统工程,也是成熟度问题的主要设计和研究内容。贺东风等(贺东风等,2017)提出关于产品的方案和产品实施包含了多种可能——采购/自研、重用/新研等模式。技术提升的关键是研发和创造,而科研人才和技术人才的选拔是核心重点,因此,第二阶段的研究主要以人才市场和劳动力市场为核心,来讨论第二阶段的成熟度提升的核心问题和评定。要强调市场化进行展开时的法律、专利和诸多实际的契约达成问题。第三阶段的商业化运行以市场为核心,因此如何提升市场的质量作为核心。对应了市场化的质量管理、服务管理和诸多以客户为中心的目标任务的实际开展。现有的资料多数强调了对于既有的硬件和软件的提升,但是对于服务和商业化的部分并没有进行较为系统的阐述,这是现有文献需要不断提升的重要空间。

9.2 高利润是维系产品的核心

9.2.1 军品转民品的高利润的维系

几乎所有的大型商业装备的制造历史都是从军品转化而来,这其中需要经历的商业转换的一般经济规律不容忽视。军品直接向民品转化,而不经过太大的成本节约和技术缩减,直接产生的产品模型往往是工业化的奢侈品,这类产品在工业化产品和装备制造中比比皆是,但是并不是所有高技术军品企业都能够成功转型成为类似的制造厂商,而且即使成功也随时面临严峻的商业竞争和挑战,从长期发展来看,这样的模式和利润维系方式是不长久、不稳定的。

二战之后,几乎所有的国家都在探索军品向民品转化的路径,以维系战时产能背后庞大的技术、工人和管理团队,尽管不少人必然长期面临转产的尴尬局面,但是毫无疑问,解决失业问题和维系一个产业稳定的发展密不可分,如果不能稳定人才,防止流失,那么这个产业必然面临短期的危险,被别国超越,从而弱化自己的国际竞争和综合国力,这是必然面临的问题。英国的劳斯莱斯、罗孚,德国的保时捷、奔驰,美国的企业似乎更多,不同的厂商都推出了高端系列,福特推出了林肯,通用推出了凯迪拉克等。

在全球化的后期,能源危机的背景下,所有的高端品牌都在拼命降价促销,曾经的二战之后的奢华品牌,在疫情期间逐步走进百姓家庭,走上了以中产白领为主要促销目标的低价销售策略。这些发展的策略都是注定的,因为从产业经济角度来看,在当前世界范围的收入分配政策趋势导向下,奢侈品牌产生的利润不如规模化的面向大众的品牌。

各主要西方工业化国家的产业发展道路都具有相似性,在保存产业规模和技术工人体量上发力,是工业化国家综合国力提升的基础,因为只有如此才能维系核心产业升级的基础实力,短期内维持核心部门的技术工人不失业下岗,长期才能维系产业升级,至少是占据国际技术发展的前排座位的基础。

9.2.2　商业化的高利润产品和行业的维系

任何一个国家,在维持商业的高利润行业上,都面临了困难的选择和非常复杂的现实问题。任何一个国家都存在国家的长期产业利益同民众短期需求的矛盾。

高利润行业是技术进步的潜在容器,如果没有高利润行业的长期稳定维系,技术进步的潜在基础就必然薄弱。而无利润、高竞争行业,是无门槛的短期产业发展模式,这类产业模式如果能够维系较高的技术和质量,则这个国家就是较为发达的国家,但是即使是不发达的工业化国家,也仍旧存在大量无门槛产业,这些产业使用购买来的"标准技术"装备,而仅仅将资源转化为大量的消费品,这样的产业是一个国家繁荣的标志(污染的标志),但是不是富裕的标志,因为这样的产品是低附加值的,在国际分工中很难赚取足够的国际货币,使得该国难以超越发达工业化国家的富裕程度。

在我国还被世界贸易体系封闭的时代,亚洲四小虎曾经就是这类产业的聚集地,但是今天我们看到所有这些国家都没有出现有效的技术和产业升级,资本带着装备进入,然后转移到其他劳动成本更低的地区,带给他们的是工业化的污染、社会资源的耗尽,以及"内卷"的文化景观。没有长期稳定的高利润,没有稳定的市场预期,没有社会对于技术、产业工人和技术人员的稳定的文化尊重,就会出现在产业繁荣之后,他们的高收入成为社会平均主义泛滥的对象,他们随着社会产业的消失而消失成为必然。很少有社会能够维护长期的产业队伍,在别人没有吃饱的时候,让自己的产业工人吃好,而没有嫉妒、没有红眼病,这样的状况只有在我国前三十年的产业政策中才能稳定持续。即使今天的西方发达工业国在面临激烈的国际产业竞争中,强烈的平均主义倾向也仍旧会冲破劳动保护法律的制约,而不少重要的产业工业还算不错,还能得到一个体面的失业救济,但是本质上,这样的福利对于产业的保护也还是杯水车薪,未来西方各国产业的基础也在不断凋零,在应对老龄化的政策上也是如此,老龄化加速了西方产业的衰败。综合来看,我们应该从案例中充分吸收这些规律,例如6.2节协和客机的案例告诉我们,造低技术的耐用品才有市场,而不是奢侈品。7.2节所介绍的汽车产业的高利润来自可能批量生产的低技术型汽车,而奢侈品类型的高价格、高性能的乘用车型只能带来企业的综合低利润。而合资日本车的理念也是相同的,日德今天都是家用电器和装备制造大国,他们深谙的道理就是低技术的耐用品才有市场,而不再追求其他的高性能型号和市场的开拓。这部分所包含的规律不仅仅是汽车产业产品的基本问题,是普遍的制造产业和装备产业的商业产品都具有的相关问题的基本思路和规律。

9.3 从军品到商业产品的成熟度问题

我们从军品的一些问题开始着手进行讨论。军品可能因为财政的宽裕而允许在较为宽松的预算和较为灵活的时间限制中进行充分的研发和生产。这种研发和生产模式对于商业运行来看是非常理想化的或者非常不经济、不现实的一种研发和生产模式,这种模式可能直接会导致一个商用的研发和生产项目因为多种原因而破产,最常见的问题是因为超过了合同的限制时间而造成极大的惩罚,或者因为超过了研发预算而导致完全停止。这类问题可能在军品的研发项目中并不是非常不可接受的问题,但是仍旧可能带来难以想象的阻碍、困难甚至巨大的多重来源的压力和质疑。

即使最为丰富的研发预算,或者最为宽裕的研发和生产时间,也很难不在整个评估过程中产生一些使得整个研发计划泡汤的状况,或者在已经开始研制之后,仍旧会面临尴尬的研发失败的例子。在德国二战时的研发案例中,我们看到类似的问题几乎贯穿了所有产品系列的不少型号,所以,这类问题是一个常态问题,而不是一类特例。

军品的整个生命周期中诸多要素和步骤的制度设计是一个极为复杂的系统问题,要想一蹴而就地解决这些问题,往往是无解的。所以军品研发和制造不是一成不变的问题,具体问题可能存在多样性的设置,可能有些对于时间要求更多,有些对于项目经费要求更加严格,有些问题是可以通过彼此的相互联系而替代的,但是这并不意味着所有项目都可以找到合理的权衡方式,有些项目从开始设定就注定是要泡汤的。所以即使在军品的实践中,本质上也是在处理有关试错的问题,不少问题在先期因为诸多认识的问题、信息的问题以及发展水平的问题不试错不可能有结论,所以学费多数时候是无法避免的,但是不断提升、不断从中学习并不总是成功的一方,在竞争中淘汰错误的演化路径才是更深一层的问题。现有理论中解决这类问题的可用经验不少是间接的。从传统理论和文献中可以得到的启发更多是围绕质量展开的研究和讨论,以及有关外包(out-sourcing)的一些定性的讨论。

我们首先简单略谈外包,之后转入正题,开始讨论对质量的一些关键的认识,而这些认识是我们了解产品成熟度的最关键的理论支撑。谈到外包就讨论到全球化时代特有的一种成本降低模式。这种成本的降低是建立在多种风险递增的"交换"上的。最显著的短期风险就是有关质量的不确定性的增加,从而导致有关质量上的博弈问题变得非常复杂和难以被决策者全面把握。

9.3.1　现有文献在讨论成熟度或者质量问题的基本路径和局限

　　Tirole 在《产业组织理论》中讨论到质量的第 2 章中说"生产系统的功能之一是选择所要生产和销售的商品""选择涉及现实的经济抉择",进而"在现在的可生产商品中实际上仅有一些产品被制造出来"这句话统率了产业经济学整体对于质量的认识和讨论,尽管我们清楚 Tiroe 讨论的是市场化背景下产品质量的一般规律,即并不是所有可能状况下的质量,但在比 Tirole 讨论的更为一般的背景下,我们应该能够了解到,脱离现实或者基本成本和技术约束的质量状况即使在非市场的状况下,其出现也必然是极刻意的。"理性的,就是现实的;现实的,就是理性的"(原文的句子是 Was vernünftig ist, das ist wirklich; und was wirklich ist, das ist vernünftig.)。黑格尔在《法哲学原理》中说出了更为一般的状况。一种产品降生在特定的时代、地点和任何可能的群体中,必然要符合这里所说的一般哲学原则,即其存在所依赖的一般条件,尤其是当时生产者所认可的最低的"理性"诉求。而经济学恰恰就是专门用于讨论特定的多种多样的"理性"所支撑的现实的(或者更精确的是有关可实现性的)问题,这种特定"理性"所能支撑的行为即为经济行为,而特定的"理性"所支撑的能够完成一种亚当·斯密的时代(马克思曾讨论过这个问题)认为"生产性"(相对于这个词在其之前的学术定义而言其定义可能更适合近代的现实)的过程所产生的众多产品组成的空间就构成了我们所说的"市场"。Tirole 指出了这其中蕴含的基本复杂性,说"众所周知,很难给出产业或市场概念的满意定义",并得出结论"产业的概念是一种理想化的或有局限性的说法"。

　　在对产业结构和质量的基本判断上,他说"垄断者没有理由选择最优产品"。另一本常用的产业组织理论的作者夏伊在这个问题上讲得更为具体,他说"通常来说,很难指出什么构成产品的质量,因为质量有很多维度",并指出"对质量进行多维建模非常困难"。因此从文献来讲仅仅对于较为容易建模且有广泛理论性的问题进行了讨论,例如在这个基础上,在他的书中第 12 章仅仅"分析了限定在质量的一个特定方面",即"耐用性"。而选择"从质量中分离出耐用性进行集中分析,原因是耐用性与产品的时间维度相关",这决定了"消费者重复购买的频率"。多数研究路径关注的是同消费者即需求一侧紧密相关的质量现象。在夏伊的讨论中,假设质量可以用一个实数来度量,这也是一般的即最常见的研究技术。可以想见如果使用这样的单维质量度量法建模,可能讨论的问题主要集中于哪些方面,以及评估其所讨论的深度以及可信性等问题。而超出这一局限性的理论讨论是非常罕见的。《产业组织手册》第 13 章 *imperfect information in the product market*(Stigler,

1983)探讨了价格和质量之间的关系。尽管传统产业理论中很少直接讨论质量,但是其一般性讨论价格的时候事实上都隐含了有关价值和其产品内在的有用价值的属性。

9.3.2 从军品到商业产品:更一般的对产品空间的讨论

这里"更一般"的意思,是我们不仅要讨论可能市场化的产品的空间,还需要在这个空间上加上军用、武器级别的产品,进行一并讨论。这个问题简而言之的结论就是,军品往往是现实市场空间之外的以及相关联的附属问题、军品的产品空间定位,以及军品的商业化可能问题。最后一个问题就是类似 C929 这样的商用大型客机的现实定位问题。

经济学关注的超出普通类产品的一般现象就是因为需求端消费者的预算约束所引起的供给端相应的成本限制问题。这类问题是经济学讨论较多的,因为预算限制,造成了市场化普通产品不可能使用过于昂贵的"质量属性"设置,但是以某一种实用属性作为卖点,也往往可能成为有利于营销的"亮点"属性。一般而言,不顾普通的质量需要或者耐用性需求而超出一般预算制造出来的必然被归为奢侈品的范畴。因为奢侈品市场人数有限,因此一般而言会被认为单独处于另外的市场范畴中。古代贵族的物品都是奢侈品,但往往不是市场化的,而近代高收入者也有奢侈品市场。这二者有很大的区别。古代贵族的奢侈品可以类比于用近乎无限的预算生产出来的尖端武器或者军用设备,而市场化的高收入的奢侈品却是其简化或者低配的版本。贵族化的奢侈品可以没有或者放松时间约束,对于人力和资源也可以放松,中国古代制作一个漆器艺术品可以花费数年时间,尽管产量小,也毫无动机去加速这个过程或者简化成本结构等。但是要供应近代的奢侈品市场化产品一般不能如此,还是需要有特定的供货量以及时间限制的,在市场化的范围经营的产品,需要符合近代市场交易和监管的法律约束,这就是近代奢侈品市场的"理性"限制条件。从军品到商用就是需要符合类似的法律和限制性条款,在制造者不是隶属于使用者的时代,制造奢侈品仍旧面临两个法律平等的个体之间发生市场行为所需要的一切的博弈市场关系,而绝不是古代作为隶属阶层的工匠同其所服务的主人的关系。如果在近代的法治背景下,模拟后者的生产关系,而建立起直接隶属和管理的关系,就可能产生军工制造企业(尽管其本质具有很大差异),从而生产出更高标准的军品。但在本书中,我们忽略它们的差异,就上述经济上的相似性认为古代奢侈品和近代军品具有类似的经济属性。

不同国家的古代奢侈品或者近代的军品,在不同时代、时间和地理位置上,差异巨大。以大型复杂设备为例,这类产品很难彻底脱离其生产团队而单独存在。生产团队不仅需要在交付使用时对使用者加以详细的介绍,而且在任意故障和损耗之后需要重新对其进行复杂的修缮,甚至一般而言为了维持其较好的使用,也需要以一种较为频繁的形式来进行系统检修。如果这个交付使用之后的检修和维护的过程不太复杂，则可能通过标准化的形式将其打包委托给一个具有特定简化形式的团队来单独处理，而不是由生产单位继续负责，在市场化的背景下这往往被认为是"售后服务"。从某种角度来看，军品向可商用的"奢侈品"类转化的一个重要的关键步骤，是看是否售后服务团队可以与生产团队进行某种较为方便的分离。如果某一个大型设备是难以脱离其生产团队的技术支持的，那么商业化过程中就必然产生极为复杂的售后服务的法律合同。近代很多大型设备的售后服务是以这种形式的法律合同来进行终身维护以及维修的，但是这个过程显然不是一种可以用简单的模型加以描述的过程。可能法律上的约束比较经济上的约束有时更为重要，决定了这个过程的可行性是否建立在"商业信用"所能支撑的范围中，如果建立并且保证了"高信用"法治基础，那么这样的商用化就是渐次可行的。

一些消耗性的军品较易实现商用化的主要原因是其本身的耐用性可以在脱离维护的条件下单独使用较长的时间，或者军品商用化的基础就是极长的脱离售后的耐用性。如果一个武器级的产品达到了这样的使用性要求，那么我们就称这类产品达到了该类型武器商用化的标准。一般而言军品相对于民用品在这个指标上应该具有突出的性能优势。然而因为各国的工业化基础差异巨大，因此，就军品市场而言，国别差异十分巨大。

在20世纪60年代初，苏联"奥尔忠尼启则"号火炮巡洋舰（主要武器是12门152 mm舰炮）经苏联工人按照当地高温、高湿的东南亚气候改装后于1961年更名为"伊里安"号成为印度尼西亚海军的旗舰。当时工业化基础匮乏的印度尼西亚，在短时间内不仅没有能力消化并掌握这一大型军用设备的基本使用技术，更谈不上建立维护保养的技术支撑团队，很快内部三台锅炉就无法正常运转，外部舰体出现严重锈蚀。到1963年底，"伊里安"号丧失战斗力送回苏联由苏联改装团队的工人进行大修处理。可见在假设能够逐步给予持续维护和技术支援的条件下，此时决策者仍旧认为其可能继续发挥基本功能。但是更主要的是1965年9月印度尼西亚政变后两国关系发生了逆转，维持技术输入和基本养护的路径被切断之后，这艘巡洋舰就彻底失去了售后保障，被当地改造为"水上监狱"。可见在1961年到1965年期间，苏联对于印度尼西亚的技术输出不足以培养出维护和保障战舰运行的基本团队，更不要说制造战舰这种更复杂的技术输出了。苏联是当时先进的工业化顶级国家，同印度尼西亚这类发展程度的国家之间的工业差距是很难在5年间大规模缩小的。

对于军舰这类极为复杂的军品设备而言，即使在交付使用时候，也很难脱离建造或者改装的团队而单独运行，因为制造团队掌握着无数细小的对于该设备专有的制造信息，这些细节的庞大程度和精细程度都不是可能通过简化而转移到一个

"售后团队"的。用经济学的术语来说，进行这样体量的信息传递所需要的成本是极为巨大的，可能比新造一台设备所需要的成本也少不了太多。如果这种信息传输可以通过大量的产品制造从而系统化并且知识化，从而极大降低其学习的成本和难度，就有可能建立一个信息中心来系统掌握并培训售后人员。这种经济性是商用化的第一步，例如波音或者空客就能够达成一般的商用水平，从而将一些不是特别复杂的飞机系列用于较为安全的商业运行之中。但是显而易见，制造团队在某些关键环节上的支援往往都是必须的，尤其是对于那些更为复杂的产品。

对于另外一些更为简单的设备或者产品，则可以彻底脱离生产团队甚至售后团队而单独运行。而这类特性不仅对于商业产品而且对于军品而言都是极为珍贵的品质，而在制造者和使用者来看都是一种最好的属性，我们常常将其称为"耐用性"。耐用性脱离了军事安全的范围之外，是军品和民品相互交叠最多的领域，也是军品最容易转化为民品的范围。

军品在考虑到战争极限环境的背景下，尤其需要的也是"耐用性"这类属性。当然也有很多非耐用的军品也可能对军事策略具有关键的影响，但是具有耐用性始终是军事化装备实现普遍列装的过程中所追求的首要目标之一。核武器在很多国家未必发展到具有耐用性的特点，但是为了在实战中尽可能发挥其军事策略目的，搭载其的飞机、导弹等投放装置必然需要尽量提升其耐用性，以尽可能提升完成作战任务的概率。尽管如此，在任何一个环节上的失误，仍旧可能对整体任务的完成造成不利影响。可见提升耐用性尽管是对于复杂装备的"近乎不合理的苛刻要求"，但是在实战中能显示出突出优势的军品仍旧需要依赖系统的耐用性来支撑。经历较多战争的国家在耐用性上都具有特长，经历了一战、二战的德国、英国、俄国，以及二战战力投放较多的美国和日本，其军品乃至相关的民品都在耐用性上比较其他国家的产品更具特殊优势。以汽车业为例，德日两国的战后汽车制造思路都在耐用性和基本性能上有很多复杂的权衡，日本普通民品汽车甚至愿意放弃高性能来确保耐用性和经济性，德国民品普通类型的汽车系列为了确保在耐用性之上兼具部分有营销优势的高性能，比较日本汽车制造思路上就特别强调了售后服务的高成本。从军品来看，追求耐用性也有这样两种基本思路，放弃一些高性能来维系长久的耐用性，或者在耐用性基础上要想维系一些较高性能的展示，则必然需要提升售后的服务成本设计。兼有耐用性、高性能、售后经济性，是不可能完成的任务。

当我们奢谈高性能的装备时候，我们需要警惕高性能的基本经济规律。为了提升极少的高性能，必然需要带来数倍于普通常规产品的售后服务成本。而耐用性未必必然同使用经济性冲突，但是必然带来极高的研发和试验阶段的成本，更重要的是制造经验需要较长时期的积累，而不可能脱离实践一蹴而就。

9.4 案例：福特汽车的发展

作为一个补充性的小节，这里给出福特汽车的典型案例，来说明汽车产业发展中非常容易被忽视的一些关键决策和发展策略。

9.4.1 案例：福特早期发展的路径和决策

1908年，生产出世界上第一辆T型车，彻底改变了美国人的生活方式

1913年，亨利·福特创立了全世界第一条汽车流水装配线。这种流水作业法后来被称为"福特制"，并在全世界广泛推广。这种制度是在实行标准化的基础上组织大批量生产，并使一切作业机械化和自动化，成为劳动生产率很高的一种生产组织形式。

1914年，首次向工人支付8小时5美元的工资，改变美国工人的工作方式。

要想研究商业化产品的成熟度问题，我们必须要反复研究工业化历史的早期开创者，我们不仅要从理论上理解不少复杂的且被滥用得很严重的概念，我们还需要对于历史和现实非常熟悉，才能从中看出规律。而工业化的历史，总是能带来令人惊讶的礼物。一个很好的例子就是福特汽车的发展历史，我们不得不惊讶于，亨利·福特在汽车产业化的早期，就能够在诸多决策中选中最关键的正确选项，在汽车早期的历史中，即使美国也存在过数千家不同品牌的车企，但是能够存活下来的车企毫无疑问是同这些正确的决策紧密相关的，而亨利·福特所选择的决策很多在产业发展历史中都具有典范性。

任何一个产品问题在实践中首先都是法律问题，也都是市场问题，也同时存在最大消费市场的问题。纽约州律师乔治·塞尔登（George Selden）出身于美国东部的律师世家，他看准了汽车产业蓬勃发展的时机，在汽车专利上做文章。在1879年，他提交了四轮内燃机汽车的专利申请，但并没有立即完成申请的全部程序，当时美国的专利保护期限是17年，他通过一直反复修改专利细则，拖延了16年，直到1895年才获得正式专利，开始收网，对市场上的销售者进行诉讼。

拥有正式专利后，塞尔登成立了一家名义汽车公司，并不从事生产，仅仅从专利上获得好处，他的目的是向所有汽车公司收取专利费用，当时最大的汽车公司是温顿，塞尔登诉其汽油动力车侵犯专利，法院随即按规则宣布塞尔登胜诉。

其后美国汽车产业建立了一个专利联盟，美东30家车企与塞尔登合作，成立了"授权汽车制造商协会"（Association of Licensed Automobile Manufacturers，ALAM），温顿汽车也在其中。这个专利联盟为早期的美国整车奠定了高利润的基础，是法律牵头人和制造商合作的一个成果。如同所有的整车专利协会的行为模式一样，其对于获得专利的要求很高，甚至通常是完全没有获得的途径，例如

亨利·福特早期就无法获得专利，而采取了极为复杂的一个"曲线救国"的道路，亨利·福特因为早期没有专利，所以很长时间都在同塞尔登专利进行诉讼，或者说亨利很大程度上早期的利润都用于专利诉讼和获得市场认可了。

这一点亨利·福特很清楚，也很聪明，无论一般的历史学家和传记学家如何评论这段历史以及亨利·福特这个人，从经济和产业发展来看，亨利·福特都是一个极为聪明的企业决策者，而不仅仅是一个机械发明家。

这个案例对于我国的企业家和产业决策者的启示意义很大，很大程度上，我们无法避免专利的问题，尤其是在今天世界范围的市场和竞争极为激烈的背景下，我们无法避免专利问题作为挡在世界市场面前的一个最大的阻碍因素。一种思路是弯道超车，另一种思路是公开竞争。亨利·福特没有选择弯道超车，或者任何一种避免专利的行为，而是在长期的努力中，不断迎接各种专利问题，从而获得了整个市场。这是很有启发意义的。我们不应该因为存在专利而绕道，而是应该迎接诉讼，解决问题。

福特面对诉讼，一审判决败诉，理由是"任何烧汽油的车"都在塞尔登的专利保护中。福特不断上诉，经过多年的法律斗争，福特终于获胜，原因是塞尔登的专利保护两冲程发动机，而福特的是四冲程。福特的付出改写了制度，其他制造商也从中获益，从而可以不再向ALAM交纳专利费。企业创新和发展的过程，本身就是制度创新的过程，是不断改写具体的法律条文的过程，冲破束缚，带来新的产业模式。

9.4.2 案例：售后服务弥补产品质量缺陷

福特T型车从1908年开始生产，到1927年T型车一共生产了1 500万辆。在甲壳虫出现之前，它是全世界卖得最好的车。开始时售价为850美元，可以说几乎没有同类与之竞争，投产当年，T型车产销量就超过一万辆，创下了汽车行业的纪录。随着产能进一步扩大，到了20世纪20年代价格持续降低到300美元，1921年T型车的产量已占世界总产量的56.6%，售价进一步降到了260美元，美国的普通家庭开始率先进入汽车时代。欧洲大陆上的德国汽车产业为之震动，希特勒也开始推广自己定名的"大众"汽车的理念。在T型车投产的19年里，仅在美国销售就超过1 500万辆。

福特汽车对于汽车产业的改变是革命性的，其能够持续推进价格下探的主要动力，来自其对于产能的极致追求，福特汽车将汽车结构和生产流程标准化的尝试已经成为大众非常熟悉的内容，福特因为引入了生产流水线所以带来了汽车业的革命，引发了人们对于管理技术的长期关注。亨利·福特本人将汽车极端简化的思路，对社会的改变、制度的创新是持久的，但是世人可能忽略了，这个过程背后是对于产品质量、销售和售后带来的生产供应链条的系统的改变。福特能够尝试如此低价的原因,不仅仅是产能的提升,还有整个供应链对于服务质量的本质的提升。

一个被人们忽略的细节是,福特的早期车型如此大刀阔斧地对质量进行深度裁剪,导致的问题必然很多,质量的严重下降尽管可能短期还能吸引消费者的购买,但是如何确保质量的下降不带来声誉的损失呢？这还是福特对汽车产业的一个更为本质的改变。当时的量产车型质量可以说很差,相比于价格动辄就数倍于福特汽车的其他品牌来说,这是必然的。但是福特采取的办法也是很有效的,福特早期的政策是在交通路网区域布设了相当广泛的流动的服务人员群体,当遇到经常出现的抛锚或者其他深度故障的时候,立即进行处理,而处理的方式竟然很可能是直接调换新车,也就是服务人员将自己巡视的车直接换给抛锚的车主,用此来维护企业的信誉,可以说毫无疑问,福特汽车的数量优势足以将这样慷慨的售后服务的成本降低到可以承受的限度之内,所以福特企业以优质的售后来抵御长期的质量问题,另一方面福特汽车也的确在不断改进自己的质量问题,用售后服务换取来宝贵的试错时间。这个策略不得不说是一个比大家关注的点对于汽车产业的更为革命性的贡献,也就是产生了售后服务的全方位的服务体系,这也是后来的4S店的前身,可以说,当时的服务比较现代的具有规范的标准化服务可以达到的效果还要更好,但是随着世界范围的服务质量的提升,如何降低服务成本,也就成了一个新的现代问题。

第10章

维护工人的职业高收入地位

10.1 作为职业化的工人

工人作为高度专业化和组织化的职业在整个产业发展的历史上起着关键作用,没有界定清楚,并且从根本上对这个问题进行良好的政策设计,则很难发展出现今的产业,以及良好的制造业产品。

从历史的角度来看,无论是参照西欧的发展历史,还是俄国的工业化经过,还是我国清王朝瓦解之后的工业发展历史,工人作为职业的发展对于产业的发展都具有关键的意义和贡献。很可能人们在讨论这个问题的时候,重新进入两分法的问题中,是资产的使用者作为一个成熟的职业的萌发更重要还是工人作为一种职业的萌发更重要。从东西方王朝的发展历史来看,农产品或者畜牧产品转化为商品并且成为商业运行的主要产品的商业形态在奴隶制度或者封建制度中都是不罕见的,这些商品经过转运从而形成了市场的供给,因为需求而转化为货币形态的一般等价物,这种商业产品化的过程在人类历史上并不是什么特殊的现象。产业化的发展,也就是大量的商品的出现,需要专门为商品的制备而改变旧的产业结构,从而才能产生传统意义上来看难以想象的、更大规模的产品的聚集性生产,在一地或者多地形成具有专业化的生产形态。这个过程也是资本运用的过程,而人们往往忽略的是,此时如果没有工人作为职业的、大规模专业化的、具有组织性的群体,以及适应他们的思想和职业观念的社会文化支流的出现,则毫无疑问,这样的工业化还不是什么工业化,商品化也是极为脆弱的,因为只要这种经济被任何一种自然的或者人为的大规模冲击所破坏,那么这些群体也就不再以这样的工业化的样式而存在了,那么他们自然而然也就重新回到了传统的无论封建的还是奴隶制度的状态中了。这种倒退回原来的传统社会的身份和职业的现象,不是什么令人奇怪的事情,因为任何一种产业的勃兴之后的衰退,都会面临这个问题,这个问题始终贯穿了产业发展的历史,如果他们不能稳定存在,也就是工人不成为一个社会的、独立的、不倒退回任何一种文化概念上的阶层或者子阶层,那么工人作为职业也就在经济勃兴之后,因为去专业化和去组织化而消失了,从而工业化也随着人群概念的消散而消失了,资本,也就是为了组织这些人群阶层的那些经济概念和现象也必然消失了,所谓运用资本的人更是早已经消失退化到传统社会中的其他文化群体中了。所以说,没有稳定长期社会和职业发展的工人作为成熟职业的存在,就完全不可能存在什么工业化、商品化,更不要说什么金融系统的名称和概念,那更是商业或者货币概念的衍生问题了。

我们举几个例子,就很清楚地看到所有的工业化制造业上的成熟度问题本质上,都是工人作为具有高度成熟度的职业的组织和长期维持的问题。

10.1.1　近期欧洲的去工业化进程

欧洲在因为对俄罗斯油气制裁之后经历了2022年能源危机后,迅速出现了对于现有经济和工业化水平瓦解的趋势,这非常类似20世纪70年代冷战经历的能源危机,但是此时因为欧洲列强的工业化状态不如20世纪70年代战后经历了蓬勃发展的二十年之后所达到的工业化发展状态,所以此次经济危机对于社会的危害更为深刻,一个典型的状况就是部分市民在有组织的企业的共享分包合同下,租用小块土地,自己种菜为自己提供蔬菜的供应。

尽管这类新闻一般都放在环境和土地的新闻中报道,但是其中所反映的紧迫的工业化倒退的问题是极为深刻的。欧洲也在政策层面上严肃思考所谓去工业化在未来的可能影响,而去工业化的局面在未来是几乎不可能避免的了。

这个案例集中反映出很多尖锐的问题,第一,市民的阶级身份在长期的经济和产业萧条之后,已经从组织上开始寻找脱离工人这个成熟的职业化领域倒退回农业状态的合理途径,这本身就是去工业化进程中的一环。其表现是,现有的工业化程度已经无法维系庞大的城市职业工人群体,他们无论从收入上还是生活上,都无法维持稳定的状态,他们面临的不仅仅是经济学上的名词,例如通货膨胀、生活成本高企、失业、绝望的未来等。他们面临的本质问题是工人阶层开始逐步被松弛以及萎缩的工业化复合体从边缘甩出来,他们目前面临着一种历史的抉择,要么还继续在工业化的板块挣扎失血,要么就逐步退回到前工业化时代,逐步适应他们祖先留下来的土地带来的维系生命的保障方式。后者就是逐步以某种现代的方式,找到一种半农业或者全部融入农业的模式。

10.1.2　案例：工业化进程的挫折

朝鲜在二战后急速工业化了,现代的历史可能已经遗忘了,朝鲜曾经是东北亚最早工业化、城市化和机械化的地区,这个人口在东北亚区域不算多的国家,在战后得到了长足的工业化发展,直到20世纪80年代初期,还能供应电力为韩国的初步工业化输出援助。然而现代的韩国已经成为工业化的发达国家,这让现代的年轻人很难相信半个世纪之前的历史状况。

朝鲜在之后苏联的弱化中,被隔离于现代贸易和商业环境中,在能源不足的背景下,机械化无法维系,只能通过去工业化来维持自给自足的产业发展,在几十年的工业产业失血之后,朝鲜的城市化和工业化人口逐步退回了农业维系的经济方式,从而出现了一次现代意义上的去工业化的完整进程。

类似的案例很多,日本二战工业化被能源围堵,日本的飞机众多,但是却没有燃油维系运行,大量初次作战的飞行员因为没有燃油所以无法维系足够的经验小时数,初次战斗生还的比例很低,甚至很多在首次飞行过程中,就因为事故遇险了。大量的搜索和寻找也没有在核爆炸之前找到足够的能源,日本的机械化部队、工业化的进程如果继续下去只能开启去工业化的模式。日本在开启去工业化的时候,已经到了弹尽粮绝的边缘。新中国成立后,很快在萨尔图发现了石油,定名大庆油田。大庆来得突然,也极为具有讽刺意义,似乎日本人只要维持侵略,石油就不会出现。非常巧合地,德国处于高度工业化的巅峰,甚至已经传说制造出原子弹的原型,始终受困于能源的德军,大规模的基于石油化学能源的机械化部队也已经走到类似日本二战失败前夜的窘境,始终没有能源的支撑,也没来得及升级能源的条件下,第三帝国就在工业化即将倒退的危机中轰然倒下了。这样的例子不仅在现代是极为常见的,在古代也是类似的。

中国的大下岗、美国的 2000 年后的大失业,都是类似状况的衍生,所带来的都是既有工业化体量的缩减。人们可能一般抽象认为工业化的成果是凝聚在资本中的,然而本质上任何成果在人类社会中的留存都是通过人来实现的。如果没有人,则什么也承载不了。所以工业化的成果与其说是通过自由流动的资本作为载体在同一个时代流动,不如说是通过人以及人的关系载体形式穿透了时间和空间,得以保留,除了人作为载体之外,资本是无法单独承载任何工业化的成就的。如果出现断代,那么工业化的成果就会被清零,因此本质上大量内容都消失或者呈现出零星的残片,要想从历史中发掘,只能仰赖考古学家。我们曾经讨论过,美国二战后的登月技术无法继续承接的例子,这个例子甚至说明,在作为世界霸权的顶端连续的发展过程中,仅仅经过半个多世纪的时间,也存在关键决策是否保留问题,稍不慎重,那么关键技术也会随着这一代技术人员和科学家的断代而变得不可知了。这是对于人类维系连续认知的一种深刻的嘲讽,维系连续认知是不可能没有成本的,而一种工业化的形式,甚至任何一种技术的内部传承都是极为类似的,所有的经验不可能通过文字的形似彻底得到保留和传承,所以,如果没有人的具有实质社会关系或者组织的连续传承,那么,工业化的层次必然会发生实质性的变化。所以工人作为一种职业化形态是工业化的最为珍贵的留存形式。举例来说,如果说磁盘是保存数据的形态,那么无论任何形式的可保存的数据文档,要想能够保留下来,那么必然需要某种介质或者磁盘的形式,无论是以某种光盘或者硬盘甚至云盘的形式来保留,至少需要一种格式和介质方式,没有预留任何介质保留的形态,就意味着彻底消失。工人的阶级或者阶层与工业化也有着极为类似的关系,如果不是如此,那么毫无疑问,是毫无可能维系长期、连续的工业化体量的。

10.1.3 西方模式：工业化背景下的职业化

从历史上来看,所谓资本主义可能达到的最大成就,不是资本的维系,反而是促成并维系了一个长期稳定的可以传承技术和工艺的职业化生产者群体,而作为组织和参与的资本运用不是具体的资本主义形态的实际承载者本身,我们说,人们所认为的运用资本可以按照一个模式,短期内将任意一群人转化为职业工人群体,这一思维是错误的,高度成熟的职业工人群体是不具有可短期替换属性的。现实中可以在一段时间培养起来承载工业化的职业工人,但是短期内通过大量替换、大规模扩展,或者大规模地复制,创造起来的不一定是作为职业的工人,而是另外一种临时的工业规模化的运行单位的执行者群体。这个群体,还同工人这个高度成熟的组织化职业有本质的不同,因为他们还很容易蜕变成为他们原来的社会身份以至职业,他们可能重新回到自己的原来的职业中,但是他们一旦建立起唯一的、连续的社会结构,成为一个单纯的而不是可能随时变化的社会阶层的时候,此时我们才能大致将他们认为是一个阶层或者阶级。毫无疑问,时间才能保障他们是不是稳定的社会阶级,如果他们的后代,以至于几代人都稳定在这样的职业上,并且培养出来一种对于自己的职业、社会身份的认同感甚至建立起自我的社会定位,有自尊、自爱、自强和稳固的社会地位,那么他们才能说成了一个稳定的阶级,然后他们还需要有自己的政治身份认同和广泛的社会参与,从而他们才真正成为一个职业工人,正如新中国成立初期所建立起来的一个具有职业自豪感的工人的社会文化那样,他们有高度的荣誉感并且这种荣誉感是在社会中彻底得到经济上的地位实现的,这种实现性对于职业的成熟性很关键,他们不仅仅有较高度的社会地位、经济地位和政治地位,还有诸多延伸的社会关系,所以我们要想定义成熟的职业工人,可以参考新中国成立后前30年的职业工人的构建经验,我们可以了解到这不是一个简单的任务。

一旦职业工人的群体形成,那么工业化就会自然稳定起来,以国家的形态来捍卫工人作为职业的存在,保障工业化的体量,既不要冒险扩展到不少西方国家那样,以至于产生频繁的经济危机,也不要发展不健全,类似于不发达国家或者其他的农业形态的国家那样,没有充足的职业工人的体量甚至地位。

从西方的历史来看,工人成为一个工业化的成熟职业,并且维系了庞大的体量,是西方文明进化的一个标志,然而这个过程也存在持续的斗争,即使在今天,西方社会,甚至发达的西方社会也并不完全保障工人作为职业的地位,尽管形成了对于职业工人的不少高福利的保障措施,甚至在失业的时候,也有国家的政治力量和经济形态的保障维护职业工人作为一个整体的存在,但是工人作为一个人数庞大的职业化群体仍旧周期性遭受频繁的经济危机的困扰,而且不少工业化的国家,也更倾向于使用机器而不是工人的办法,来进行"工业化生产",甚至妄想通过自动化的替代,来彻底解决工人作为工业化的职业基础的问题。这所有类似的状况,从资本主义几百年的历史来看始终是存在的,但是毫无疑问,既不可能提出来,也不可能彻底解决。职业工人是工业化的基础,其内在要求较高的社会经济利润以及延伸的相应社会地位,但这本身和西方的平均主义福利观念有内在的矛盾。所以平均主义抬头的地区必然有削弱职业工人地位的倾向,从而通过工人的去职业化来实现这种趋势,但是这本身就是去工业化的一种政策路径,必然导致整个工业结构性的改变甚至倒退,形成严重的工业锈带乃至于大量失业的政策结局。最终,职业工人的问题是一个西方社会敏感的话题,尽管每年大量出版各类研究,但是有针对性的研究却极为稀少,因为这是一个敏感的禁区,也是西方化社会政治正确的软肋。从工业化的历史来看,限制工人群体的职业化和社会地位,必然导致社会的去工业化和结构性矛盾凸显,表面可能是其他行业短期内平均化了工业的利润,但是长期来看工业基础将会逐步变得薄弱,工业产品的成熟迅速降低,被简化的内在成熟度替代,最终的结局就是工业升级的道路被堵死,外部被超越,内部社会矛盾凸显,表现在长期发展中,就是昙花一现的工业化经历倒退和终止。

说西方国家在历史发展中的贡献是将工人用职业化的方式从传统的社会藩篱中解放出来,这件事情是极为复杂的。因为圈地运动本身通过将工人人口来源的那些传统社会的人口置于悲惨的境地,才迫使他们就范,进入一个工人数量急速发展的阶段。我们要了解这个区别,工人数量的增加,未必是职业化的工人数量的增加,甚至已经出现几代工人的一个社会状况下,我们也还不能说这就是作为职业的工人,以采矿业历史为例,南美洲大量的以矿业为中心的开发区,随着矿业的发展,工人群体形成了,随着矿业的枯竭,产业终结,工人被放弃了,工人重新转化为其他的职业了,这种身份地位毫无变化的状况,我们不能说工人作为一个成熟职业形成了但是短期内又覆灭了,我们应该描述为,工人职位产生了,之后又迅速经历了去职业化从而转化为其他职业了,但是工人职业可能经历了短暂诞生也可能根本就没有诞生,而仅仅是作为一种短期工作但迅速消失了,因为这些社会重新回到了半农业半商业的环境中,甚至重新回到了农业经济为主的状况,我们不能说这就是一个短暂的工人的职业化历史,而是应该准确描述为,工人作为稳定的职业化群体从来没有形成过,也没有任何权利和地位,甚至无法维系自己的作为职业的一部分的存在和意义。

10.1.4 局限性

西方社会的文明发展是具有显著的局限的,因为这些社会总存在瓦解工人的职业化基础的倾向,这种稳定的福利承诺的不完善性,却往往因为工人职业作为工业化的战争机器中必不可少的一部分而得以改善、保留并连续存在着。从职业工人的产生到近代,工人作为职业群体的维系同不断持续的战争紧密联系,如果不是战争产生了庞大的维系工业化的体量的诉求,那么西方社会很难持续维系庞大的工业化的体量,甚至从情感上也不愿意有一个庞大的、具有成熟的社会意识的职业化工人群体的独立存在,更不愿意用全社会的力量来维系他们的社会核心价值。每当战争过去,工人职位和数量就必然得到大量的衰减,而一般而言,战前都是社会危机极为深刻、社会濒临瓦解的状况,无法持续的经济和社会结构,与频繁的战争具有紧密的内在关系,如果没有深刻的社会危机,也不会引致内外的矛盾激化,产生战争,如果没有战争,也不可能号召和维系更多的工人力量来提供广泛的兵员和军工产业力量。正如工业化的本质来源是军工一样,工业化的社会也是军工的社会扩展模式。一个西方式的国家,内核永远是处于战争状态的,而外部可能出现局部的和平和稳定,毫无疑问,这也是维系经济的必要体量才令其存在的。

近代西方列强的实力,建立在亦工亦兵的社会结构上,典型的如二战时期的德国能够装备机械化兵团的社会基础,就是大量的训练有素的具有技术和组织性良好的职业化的工人群体在社会中大量存在,战前德国建立了一系列强化工人职业地位的基础性福利制度,包括让工人家庭的子女进入更高级的教育轨道,进入大学,建立广泛的社会保障,包含医院、福利院和社会救助机构,建立了各种失业和社会保障的基础形态,所有这些都有助于二战之前的德国迅速形成一个有保障的社会地位、尊严和荣誉感充分和国家意志相结合的准备状态,从而我们看到二战之前的德国从各个角度,直接巩固了德国工业化的成果,从而迅速将工业实力转化为战争实力。

如果我们有充分的篇幅,就可以展开二战之前的工业化进程的多样性的描述,可以看到德国周边的国家还处于一战时期的后续发展阶段,甚至还没有完成一战时期的工业化的任务,形成一个完好的、更成熟而纯粹的、作为职业的工人群体,大多数国家尽管在一战之后封建的社会关系已经被极大破坏掉,但是社会中并没有形成对于专业化工人的认同、认可,甚至允许工人作为职业普遍得到优先发展的政策,工人职业化发展距离实现还很远。唯一可能与其抗衡的是不断处于工业化和商业化前沿的英国已经逐步形成了有意识性的对于职业化工人的社会保护制度,而法国此时尽管比较其他民族国家表面上更强大也具有实力,但是法国本质上还是一个大杂烩,因为拿破仑时期的勃兴和其后的各种思潮的混杂和争斗,导致法国尽管是一个具有多样性的文化圣地,但是毫无疑问在行动上法国已经远远被落下了。法国很多地区还是农业化比例很大的传统区域,更多的国家也处于无意识的选择迷茫期。而只有德国在危机中开始了实质的选择。

我们不必然应该认为维系工业化的体量、保有稳定的工人数量的职业化队伍一定是社会最幸福的状态,但是毫无疑问西方世界是战争和危机并存的,如果他们有意识了解到两次世界级战争之间的选择时间是很短的,按照理性的博弈推演,这些周边的邻国不应该浪费这段时间用于迷茫地举棋不定,而是应该迅速采取行动。但是如果仔细了解战前每个民族、国家的发展路径,本质上他们都经历了很合理的发展和最大限度的工业化进程,似乎不应该抱怨什么了。但是结果就是,处在同台竞争中的这些国家,都大大落后了,这种差距是难以描述的。如果一个国家的发展路径是内在诸多因素决定的,那么我们或者就只能认为这是一种宿命,因为任何一个国家都不可能超出自己的约束太多,获得超越时代的发展。但是毫无疑问,二战之后最令人震惊的就是中国的崛起,而且在这样的轨道上其发展的速度是惊人的。中国完全超越了西方任何一种学说对于这个过程的一般的推演,没有任何一种理论可以支撑中国此时的独立和迅猛的发展,因此,从世界历史角度来看,我们如果客观审视,可以得出一些基本的结论,从20世纪前半叶的中期,或者说从抗日战争后期到新中国成立初期的几十年中,是世界为之震惊的东方崛起的一个时代。深刻的变革,沿着难以置信的轨迹发展的内在诸多因素,都指向了我国早期对于作为职业化工人群体的基本认识和对于工业化的基本定位和准确的政策安排。如果我们惊讶于20世纪60年代我国取得的大量的不可能的工业化成果,那么我们必须要了解,我国对于工业化的和对于职业化工人的认识和安排,始终处于最优的发展理念和状态上。

如果说西方历史上是不断的民族冲突和战争,促成了一个亦兵亦工的社会对于职业工人和技术机械军队的构建,无论拿破仑还是德国近代的战争思路,几乎都是围绕这个主题在发力,我国工业化的发展轨迹中也潜藏着一个工人职业化和工兵队伍建立的历史,这段历史很遗憾几乎没有完善的历史资料来详细描述这个过程,多数的史家似乎都忽略了这段历史中潜在的职业工人的工业化的发展详细轨迹,但是正如西方历史通过拿破仑和类似德国的一系列的改革措施,将作为职业的工人逐步独立且置于社会核心的诸多制度演化路径一样,我国也同样在帝国崩解、民族危亡乃至生灵涂炭的边缘之处,竟然如此坚定和正确地选择了当时历史时段最正确的发展轨迹,不仅能够以武力自立于世界而且建立起完善的工业化的基础,这些都绝不是偶然的,而是有意识性的选择的必然结果。

一个高度工业化的国家,要维持相当体量的工业化人口并不容易,一个国家制造业的先进水平,可能是维持庞大的工业化人群的重要条件,但是要维系如此强势的工业化的基础人群,还需要庞大的世界市场,和维系市场稳固地位的军事能力。任何形式的外部市场的不稳定,都会导致工业化的基础发生萎缩的可能,所以战争往往不可避免,在地球村占据世界范围的市场的优先权,并不是一件简单的事,不仅仅要有文明的手段,还要有强硬的军力作为后盾。任何一种维系的方式,都可能产生巨大的成本,在不足够文明的基础上建立长期的稳定都是十分艰难的。不断的战争和经济危机的爆发都是不稳定的潜在因素。所以即使处于顶端的国家,在近代的西方世界维系体系下,也仍旧存在极大的不稳定因素。

10.2 职业和身份

10.2.1 社会身份

传统社会的身份是社会本身赋予的地位决定的,一个人在一生中很少有机会改变自己的身份地位,只有做出重大贡献的人才有机会或者也未必有机会逐步改变自己的身份地位;而市场化以金钱为驱动的社会中,往往以身份地位的市场化为标志,也就是上述身份地位的标志被物化为社会的商品或者消费品,从而带来了社会地位的改变较为容易的可能,人们往往认为社会中一些标志性的硬通货可以代表身份地位的改变,因此人们的消费观和世界观随之发生了很大的改变。

在不同时代,无论是身份较为固化的传统社会还是商品经济发达的西化社会,总是有一些硬通货能够代表自己的身份乃至地位,人们将购买自行车、上海手表、彩色电视机、桑塔纳、商品房等作为身份地位的标志物。

身份与地位代表了社会排名的次序,代表了一个人一生在社会上消费、福利乃至婚丧嫁娶的隆重程度的基本特征,也是人们富裕与否的基本经济标志。在传统价值观念强烈的时候,人们重视名誉强过对贫富的执着,而在市场化较重的世俗价值盛行的时代,人们更看重贫富而对于个人的品质和荣誉则相对宽容。

这二者看似可能相混同,但是本质上是存在极大的差异的。在任何一种健康的价值观念盛行的时代,对于金钱有自然的处理规则和模式,而与之相对的就是金钱占据了主要动力机制的时代,此时任何一种社会身份和地位总是随着其可能获得物质利益的多少而进行着强烈的波动。在稳定的价值观念维系的社会中,容易形成长期稳定的社会的对于某一个阶层的价值观念、社会认同感和归属感,此时,人们无论在任何阶层,都有自己明确而且稳定的社会认同感和文化归属感,建立起社会信任和广泛的社会联系和影响。而以金钱进行频繁调整的社会身份激烈波动的社会中,人们更可能在一代之中,就改变了对一个身份的市场价值的评估,从而开始移心于另外的社会身份认同,此时,社会的身份建立不起稳定的社会联系,发育不出来稳固的阶级情感和社会文化与认同,从而更是建立不起来稳固的社会信任,这样的状况是对于社会身份,尤其是对于职业精神有很严重的社会作用。

一个具有稳定的职业理念和敬业精神的社会,往往是具有稳定的社会身份认同的社会,这样的社会有厚重的社会文化基础和价值观念作为社会身份的广泛的社会基础的保障,从而建立起稳固的社会职业理念。我们上述所说的工人或者对于这个阶级或者阶层的描述,就是建立在这样的文化概念的基础上的,如果没有这样稳定的、具有延续性的社会文化基础作为社会身份认同的保障,那么必然毫无可能会产生对于"工人"这个阶层的广泛的社会信任、认同和荣誉感。新中国成立后前30年所作的深刻的社会建构,就是对于这个概念的最好诠释。我国在19世纪末期处于深刻的社会矛盾和社会灾难的边缘,步入20世纪初期迅速进入了社会瓦解和社会灾难的边缘时代,此时外有强敌觊觎,内无团结的民族精神和斗志,在出现了严重的外侮之后,才痛定思痛开始实际的社会建构。而20世纪新中国成立所吸取的就是百年的沧桑和巨变所蕴含的对于社会的最深刻的反思,所以建立起来的最广泛的民族的和社会的联系,就是以这样的形式体现出来的,集中反映在我国在面对世界各个民族和列强的激烈外部竞争中,需要急速工业化和建构最完善的内部社会关系。

10.2.2 社会身份的变换和影响

这里我们强调,混乱的社会身份或者频繁变动的社会身份会给工业化尤其是成熟度带来的深刻的伤害。稳定的产品需要稳定的职业从业者的形成,如果不能维持长期稳定的职业规范,那么必然不可能产生长期稳定和优质的产品。所以职业构建是极为重要的,而职业构建需要身份的稳定性,不能随时存在身份的变动和变化,如果频繁出现身份乃至职业变动的动机,乃至于这种动机可能不断毁坏人们在职业上的长期的固定投资,那么一个人乃至于一个阶级和一个社会都不可能有长期保留下来的稳定的职业发展。这不仅仅是工业发展的基本规律,对于农业发展也仍旧如此。

10.2.3 工人和农民的转换

根本的矛盾表面上是能源、技术、贸易禁运、封锁、制裁或者任何一种限制工业化发展的因素,但是归根到底,能不能维持工业化的体量,也就是职业化工人的稳定的生存状况,始终是最根本的问题。

对于传统文化没有受到外部侵害或者仍旧维护较好的社会而言,这样的社会在遭受工业化的挫折的时候,会自然从工业化的状态,向前工业化状态转化,从而实现一种回归传统的文化样式。他们的工业化过程,本来就是根植于一个没有斩断文化的连续性的文化变迁过程,或者近似连续性的文化变迁在本国内部存在区域性的文化优势,那么面临冲击这样的逆工业化状况就会自然表现出,对于传统的回归。在二战之后,欧洲、日本等传统的维护自然文化连续性较好的国家或者地区都表现出自然地回归传统文化的过程,他们的工业化的前进在受到政治阻碍的时候,他们的经济开始自然占据了社会生活的主导位置,世俗化和多样化的文化繁荣,导致的结果就是对于传统文化的自然竞争状态,重新回到社会的主要的演化轨道上。这样的结果就是工业化尽管受到进一步发展的阻碍,但经济仍旧能够在文化的传统中自然找到维持自我平衡的路径,然而也可能存在更加激烈的冲击,此时就会出现更加迅速去工业化,也就是急剧地向传统产业模式转化的趋势。

这还是所有发展演化路径中较好的模式。然而,另一种发展模式则附带了更加艰难的因素。如果本来的文化长期遭受了殖民主义的戕害,也就是原有的文化在百年为刻度的历史坐标下,曾经经历过一次或者数次的斩断,那么此时在文化断代所带来的殖民文化,或者其他类型的中间过渡状态的文化过程中,或者就如斯宾格勒所描述的文化的假晶现象一样,呈现出另外的文化的特征。我们要注意,文化的假晶是前工业化时代文化生长和演化的产物,在近代的工业化的过程中,却很难存在典型意义上的假晶,因为工业化的钢筋混凝土特征,没有长期的文化建构内涵,也就是不存在长期文化的特点,本身可能是人类社会很特殊的一种解构状态,而不是建构状态,所以假晶即使存在也较工业化时代被斩断文化之后呈现出来的虚无状态要坚固和稳定,我们说,一个有文化的社会可以退回到原来的"有"的状态,而无文化根基的社会如果要短期去工业化,那么就会退无可退。退无可退的社会呈现出一种简单单纯的社会状态,就是向着黑社会进而甚至瓦解的社会变迁演化路径进展。我们传统上所说的拉美陷阱,本质上就是两次世界大战逐步被去工业化之后的典型状况。我们不能说拉美社会是一种无文化状况,但是拉美社会建立起来的是一种资源型的、建立在欧洲拉丁语文化区的、西方文化的短期资源繁荣的形态,这个文化之前的美洲文化彻底被斩断了,所以在两战之前还是世界顶级繁荣、富裕地区的拉美,在战后面临资源耗尽、工业化尽去的惨状,尽管在缓慢但激烈地寻找文化的"魔幻文学""意识流文化"的折磨中似乎还是能够找到文化的种子在发挥着微弱的作用,但是军阀混战、黑社会黄赌毒泛滥呈现出一种交替进行的魔幻文化状态。但是南美毕竟是资源丰度很高的地区,即便耗尽,还有规模庞大的雨林和自然资源的馈赠以维持现有的稳定,但是对于耗费千年资源殆尽的中东、北非、亚洲等地区,经历类似这样的文化斩断,则必然出现难以预计的灾难状况。

新中国成立之前的典型状况就是文化被殖民主义、帝国主义和本土的异化长期复杂盘踞所带来的深重灾难。这种灾难是深重的而且长期的,人们可能没有预料到这样的深重灾难在19世纪乃至20世纪到底意味着什么,也更不太可能明白对于未来这样的历史性的长期文化断层意味着什么。

前面提出了问题,后面开始分析问题,讨论并给出结论。新中国成立后几十年积累形成的职业工人群体在市场化的大潮下,从具有时代传承性的职业工人所具有的较高自尊的阶层,从某种比例上或者从某些典型行业或者市场领域中,被数量庞大的、更为市场化的短期或者临时的工人职位所替代。这是我们需要加以特别研究且深刻理解的。现代的大学成为年轻人进阶的主要目标，而20世纪80年代及之前社会最热门的是中专或者具有高社会职业认同的技术学校，现阶段几乎不可能有任何一类技术学校具有社会身份的认同感，而即使是技术学校培养出来的优秀学生，也仍旧会以得到一种可以进行高等教育甚至研究生教育的资格作为自己进一步攀爬社会阶梯的工具。社会对于工人的低荣誉度现实，造成了工人群体很难维持长期和稳定的对人才的吸纳，所以如何改善并且提升这个群体的社会身份认同、社会荣誉和社会地位，是未来长期进行社会工业化维系的主要任务。

但是短期内，如果要想在某一些领域维系高成熟度的加工业，那么必须要极力避免陷入市场的误区，从而进行正确的人才贮备、培养和长期维护。下面以案例形式描述两种误区，这也是现阶段主要产业难以迅速促进产业升级的内在原因，但这并不意味着少数企业可以通过自身的努力建立产业的高地，从而拉动整个市场产业升级的积极进展。

10.2.4　工人和农民的职业和社会认同

农业本质上已经工业化，具有同工业极为类似的特点。这个特点就是需要两种大量的注入，其一是资本的注入，需要投入大量的先期工业化的投资才能确保质量和产量的稳定，其二需要持久的具有长期知识和经验积累的工人来进行专业化的职业劳作，才能达到生产不断升级的目标。农民在面临上述的市场时，因为缺乏资本，没有相应的知识和积累的储备，农业的升级没有到来，收入很低，相对打工是收入低的职业，所以如果农民为了给孩子攒点儿学费、婚房而必须要进城临时打工，这样家里的土地就租给别人耕种，其结果就是下面的状况。他们没有长期在城里打工的基本意愿和长期动机，不会按照职业的工人的标准来对待所从事的工作，不仅不会倾力学习，对自己投资来提升职业素养，而且对于工作的职业要求也并不严格遵循，典型的就是很多以农民工为基础的产业，例如装修、简单加工制造等，大量需要简单操作的产业，这些产业在疫情之前主要劳动者还是年纪比较大的50后、60后，70后、80后都逐渐减少，对于这些高污染高体力的产业越来越不愿意干，到了90后、00后几乎没有人愿意参加家装这样的行业了，对于很多机械制造行业，为了提升标准化的产业质量稳定性，全世界范围都是类似的模式，采取更多的自动化操作，而不是依赖工人对于自己职业的严谨性来进行产业升级。这就导致，很多产业基本上都只能不断降低技术难度、质量难度，从而招募更多的低成本劳动力来完成，而将高技术部分封装进智能化的模块中，这样的产业形态，是最难进行技术升级的，因为产业的发展随着时间没有积累，没有将足够的经验和技术积累到工人中间。

工业被拖累之后我们看农业。农业因为外包给没有产权不是自己的土地的人手中,他们在自己的租用期间物尽其用,拼命消耗地力,南方土地加速酸化就是一个典型的现象,水土也加速流失,消耗的环境代价和自然成本没有办法及时弥补。工业化的农业没有搞好,工业化制造业本身因为类似的原因,也没有充分抓住技术升级、产品升级的机遇,从国际竞争的角度来看并没有及时缩小工业化的差距,成熟度也没有相对提升和改善。

第11章

企业的内部和外部监管政策

11.1 旨在提升成熟度的机制设计文献和实践

从本质来看,提升成熟度的本质是提升人和组织的问题,从现阶段的理论和应用来看,提升人才和制度,是提升产品和技术的成熟度的关键。因此,如何给出可观察或者度量的实践性方法和概念,是进行具体的成熟度评估的关键。制度的设定,本来也是发挥人才本身的能力的一种社会机制和工具的体现,其本质上是为了提供更好的激励,使得现有的和未来的人才,能够在该机制中更有效率地发挥其效能,达到产品和技术上的更高的等级。

我们这里围绕制度的机制设计,也就是对内在动机和外在动机所构成的制度进行讨论,针对不同的人才对象,不同等级和分工的人才应该采取的制度的效率和度量的关键问题。只有了解这些关键问题,才能更好地了解在工作场合和产品制造过程中,实际发生了什么,甚至能够达到观察到什么现象之后推断出背后代表什么等级的成熟度,从而给出应该如何具体提升这个机制,即如何对现有问题给出解决办法。

从传统的经济学角度来看,也就是使用亚当·斯密的看不见的手的视角,或者我们使用一般均衡的视角来看工作场合的这些现象,Kreps(Kreps,1997)认为,相较于同经济更相关的学科而言,机械制造、航空航天以及制造发明比较普遍的学科——可能从事这些工作的研究者和学生的内生性动机更高,一般而言,从事经济、金融乃至于管理的学生和研究者,他们具有明显的内在动机弱化的倾向,也就是他们更加具有金钱导向性,他们的初始动机本身就包含了更多的金钱的诱惑,而整个学习过程中,也包含了更多的对于金钱本身的爱好和迷恋,他们的效用函数内部,初始的动机越来越少了,只有一些同金钱和基本的物质刺激相适应的部分,他们中的至少一部分很大程度甚至彻底社会化了,很难再有辨别和主动躲避金钱诱惑而从事严肃的学术研究的动力。但是,也不尽然,只要社会还给出类似的动机的空间,仍旧有部分人还会继续这样的研究工作,他们很希望能继续他们的研究,而不是彻底奔向物质化。彻底奔向物质化的结果,本身就是代表了他们放弃了对于内在动机的追寻,而彻底随着社会的大流而维系自己的生存,这本身同社会整体的趋势有关,但是事实上他们对于自己的放弃是同其本身的进一步发展紧密相关联的,这发展一旦停止,这个多样性的可能性就灭失了,社会多样性的积累就减少了一个可能的增加。从这篇文献的角度来看这捕捉了创新的本质。

技术进步的路径非常类似潜水,潜水越深,越可能获取更深刻的结果,但是也仍旧什么也了解不到,因为这个地方可能什么也没有。一个近似的比喻是挖矿,如果此地无矿石,那么用很大的力气去挖,也不会有成果。

关于哪里有矿的问题,如果仅仅听雇主的意见,那么雇员所有关于挖土的知识都不会起作用了,而如果全部都是短期的简单的雇佣关系,即外在动机,那么雇员不会关心到底挖土是为什么,也不关心如何提升挖土的目标的准确性,从而更好地找到矿藏,因为他知道即使找到矿藏,也和自己没有任何关系。这就是底层劳动者的基本动机机制。

潜水的例子,可能更形象描述了这个状况,因为潜水本身对于雇员而言,获得的信息更加丰富,比雇主更多,他可能对于在哪里进一步下潜更有发言权。这就意味着,潜水次数越多,就越有可能对雇主的意见起更大的决定作用,下一次到底在哪里潜水,将会主要决定于潜水者,而不是雇主本身,因为雇主没有亲自潜水,不知道水下的状况,而且随着潜水的次数增加,雇员积累的经验远远超过了雇主,雇主的决策权被逐步边缘化,从而雇主需要依赖雇员更多的主观见解来进行下一步决策。

Benabou 等(Benabou et al., 2003)对于内在和外在动机进行了总结和研究,一般性地对教育和劳动力市场的普遍问题进行了探讨。其所提出的问题应用于教育可以是,父母应该为孩子通过学校的考试而设立奖励吗? 也要为其读一本书而设立奖励吗? 对于劳动力市场的环境而言,雇主对雇员进行授权,或者对其进行监督,会对其内在工作斗志或者生产效率有何种影响? 接受别人的帮助会激起或者损害其自尊吗? 为什么外在动机有时候发挥正向的功能,而有时候却只能起到反面的作用呢? 等等问题。

上面的问题从本质上来看都是类似地围绕内在动机和外在动机的关系提出来的众多问题的一部分,然而要想在特定场合下适当设定或者不设定外在动机,起到积极的影响,对于理解现有机制,并且调整或者修正错误的动机等,都具有重要的意义。而对于我们围绕提升高端产业的产品和技术成熟度,提升国际竞争力和产品的长期质量,都具有很关键的意义。如果长期来看,内在动机无法和外在动机协调一致,其必然无法产生成熟度较高的产业升级和创新等我们期待的结果,因此内在动机和外在动机的协调一致,是整个成熟度研究和测量的重要的指标性因素。

上述问题本质上是个人动机和其所处的社会环境互动产生的一种普遍的现象，就现有的研究思路而言，可能通过多种路径来尝试对这一问题进行解剖式的分析和建模，一种思路是建立在个体对于自我认知的不完美假设基础上，而代理人可能会掌握更多的某种相关知识，从而设立了奖惩机制，例如，提供奖励办法，或者进行惩罚，给予代理的授权，或者仅仅进行鼓励、批评、赞扬等公开的精神激励。

在经济学研究的传统文献中，一般激励会使得努力水平或者绩效有所提升，大量的文献都说明、证明、假设或者遵循了类似的认识方式。也就是，相关的激励可以扮演正向激励因素的作用，对于有价值的行为进行正向促进。而在心理学的研究领域中文献反映出矛盾的不同方面，例如外在激励很可能损害绩效，此时报酬也成为一种负向的刺激因素，尤其从长期来看，这种负面因素的结果得到了很多研究者和实验结论的支撑。

而经济学相关的文献也日益增加，回应了对于这些基本问题的研究需要。Kreps(Kreps, 1997)撰文对这一问题进行了讨论，其主旨在于探讨外在动机可能形成工人的生产效率降低的问题，他也认为，外在激励可能会损害内在激励机制，从而导致工人会主动降低高质量努力行为的水平，从而降低了雇主的净利润。而内在动机的机制并不一定会对外在动机形成压倒性的优势，Kreps认为，其主要应用场合应该是，在初始条件下内在动机发挥着很重要的功能，维系工人对于该份工作的较高水平的自豪感，并认为这份工作本身是有趣的。此时，较强的外在动机如果强加于工人，或者逐步提升，那么内在动机可能会造成较为普遍的对于内在动机的蚕食。从而工人原有的内在动机机制被一朝消解，也是可能并且存在的。他认为，在雇佣环境中，内在动机较强的状况可能会有下面的现象：雇员享有较长的雇佣期限，工作合作伙伴之间有较为紧密的关系，并且发展出同特定的工作和雇主相关联的资本。这种特定的累积性的资本是造成内在机制形成并且发挥作用的关键。非自愿解雇，意味着下一份工作的不确定性，以及生活地点转移带来的诸多成本。如果员工害怕被解雇，这可能同低水平的努力程度紧密联系，而外在动机可能在发挥着作用而维系着这份并不令人满足的工作。效率工资理论这样解释：如果一份工作的报酬高于市场水平，那么解雇威胁可以带来激励功能。来自同侪的压力也可以提供内在的、不确定的外在动机，偷懒者如果冒险用侮辱的话来威胁勤奋的同事，则更凸显出这种外在动机的机制。

而内在动机则会是工人应对外在模糊的动机的一种内在反应，例如上面对于解雇的惧怕，或者对于同事的责难的反应，甚或可能希望得到同事的尊重等。因为这些动机可能是比较模糊的，观察者可能会误认为是内在动机的结果。

下面介绍Kreps为了揭示内在动机而提出的对于具体原理的理解。他认为，由高水平内在动机驱动的工作，往往包含着大量不确定性较强的任务。创造性往往很重要，对于工作质量的要求很高。简而言之，这样的工作具有多重侧面，而很多侧面是难以量化测度的。在这样的条件下,让动机形成正确的机制需要很精巧的设计,粗疏的外在动机体系很可能使其受到损害,这些外在的动机很可能是客观外部的、形式化的,而且也不是最优化的。

下级参与具体工作的个人经常需要努力对上级施加影响,花费宝贵的时间让自己的看法被上级接纳。当工作任务比较模糊时,强加的评估、动机设置可能会被从而产生的一些上述努力活动所腐蚀,腐败活动可能将客观的评价标准歪曲。假设教务长希望在教室实施更多的创新活动,各个院系收集使用工资管理和聘任评估的数据,统计创新性的材料在具体的现有课程、新增课程等上面的使用状况。可以预计的反应是,很多课程开始以创新作为标题,旧的课程开始换上了新的标题和标号,不少系教席通过午餐时间宣传自己的成绩,将自己的成就归为创新的好成果,等。

多任务的状况下,还会出现有限理性和不可预期的或者不可签订契约的多种限制性条件。当任务不明确,且创新有价值的时候,很难在事前了解应该如何做。甚至机会主义或者投机取巧的应对反应,效果还可能好于刻板的、循规蹈矩的、事前就已经确定的例行安排。尤其是对于小企业组织而言,评估者可能切近或者熟悉所评估的工作场所的细节,事后评估可能发生在较为公平的设计体系之中。依赖于事前较为模糊的评估标准,相较事前就已经僵化固定的评估准则而言,可能提供更大更好的动机。当然事前较为模糊的评估标准更可能带来道德风险问题。一般化的腐败问题却可能有效避免。一些模型可能可以有效缓解这类问题,例如委托人或者评估者保留着对于企业经济健康状况的责任,同事之间的评估被广泛使用。在小企业集团中,腐败更可能被发现,且被同侪压力所制约甚至解决。Kreps似乎特别强调了小企业的灵活性带来的处理这类问题的好处,而僵化的大企业可能更难于系统应对类似的问题。

以上基本原理涉及多任务型的工作,以及因为外在动机而产生的在任务之间所投入的努力的错配问题。那么对于单一任务的工作,以及单一的努力水平而言,是否仍旧存在类似问题呢?假设一名工人希望能保留自己的工作职位,他会接受某种规则的评估,但是他并不了解能够保留的努力水平到底在什么程度。风险厌恶的态度使得他不得不提高自己的努力水平,从而使得自己更为安全。当这些标准非常明确并且客观的时候,他可以投入一个确定足够的努力水平,从而确保自己的工作是安全的。因此,如果雇主使用明确的评价标准,就会使得工人的风险厌恶失去效力,从而导致平均来看工作努力水平降低了。

受到不确定的模糊规则制约的劳动者,在事前来看会变差。而保留他们,即维持他们的事前效用在保留水平,使得他们不辞职去接受事后更高报酬的工作职位,需要更高水平的总体补偿。这意味着,使用不确定的评估可以使得他们的努力水平维系在较高平均水平上,但是这本质上并不会给雇主带来很大的好处。

遴选和信号效应可能在这些机制中发挥很大作用。假设一些人对于自治带来的自由更加看重,但是另一些人更看重实际的经济回报。当明确的激励机制在工作中开始实施时,工人的混合状态会发生很大变化。如果这些偏好和实际的工人能力的关系是确定的,生产效率的特定方面会发生实际的下滑。如果这个一般规律是正确的,那么外在动机的效果会缓慢发挥作用,并且会实际上同劳动者的频繁轮替紧密相关。

从信号博弈角度来看,多数雇主,即使他们已经计划搬往海外,也仍旧希望自己的雇员能相信会有一个长期的衷心合作的雇佣关系的前景。任何一个想要留下来的雇主都需要为了传递这样的信号而付出过度的代价,表现在激励机制上就是,如果搬往海外,那么这样的激励机制就太过于昂贵了,因为激励机制要基于长期的监管,模糊的晋升机制等。因此如果要将这样的激励机制转换为外在的尖锐的激励机制,那么必然会向工人释放一个转变的信号,从而工人们会产生很大程度的机会主义。

11.2　谈效率和市场配置

效率,就是规模、数量,但不是质量,更不是成熟度。市场有不同的类型,最重要的市场,是能够换取任意国家货币的世界认可的国际市场,而不是某一个区域市场,也不是任何一个国家内部的市场,只有这样的市场,才可能对于一个国家的富裕程度有重要的影响,如果仅仅是考虑出口到某一特定市场,而换取该种货币,那么以这种市场导向的生产,还不是一种高端的产品的重要标准。即使是某一时段的国际市场硬通货的产品,也未必能够经历战争的检验。所以,归根结底能够经历市场检验的产品成熟度,按照次序,第一是实战,而且是不同国家地域的环境下都适用的实战检验,第二是国际市场,能换取所有硬通货的市场标准,第三是发达国家的市场标准,第四是不发达国家的市场标准,最后是国内市场和其他的市场标准。

从本质上来看,新中国成立之前的解放战争的检验标准,已经是能够在实战中打击装备了最新的德械和美械的国民党精锐军队,在20世纪50年代,能够经历"联合国军"在朝鲜战争的检验,在20世纪50年代到20世纪70年代,经历越南战争的实战检验,到对越自卫反击战,经历了实战的检验,即使在冷战时期,也时时经历了战争的检验。但是到了20世纪90年代之后,国际环境开始放宽,国家之间的竞争开始转向,开始从战争转向了商业竞争,此时产品生产变成了主要战场。这个战场比实际的战争更加危险,人们也更容易出现不同的选择,而此时劣币驱逐良币的可能性在内外复杂环境下,更容易成为实际的选择。二战后尤其是冷战极为复杂的环境中,在裹着意识形态思维的国际竞争环境下,人们更容易选择错误的道路。在实际发生的产业路径中,人们经常看到的这样的状况:追求规模的欲望,远远超过了追求质量。人们觉得国内市场如果能够短期赚钱,为什么要积累实力去竞争国际最高端的质量和品质?

11.2.1 从计划经济到市场竞争的诸多陷阱

产权是传统社会的道德规范通过法治化之后的产物,一个社会要么有强有力的维系社会道德规范的有形的手的干预,要么有法治化的监管手段,要么有黑市的暗中的威胁,要么有强大的势力例如财团的影响力,上述任何一种力量在特定条件下都可能产生一种对于质量的督促性质的力量,从而维护商品经济向着较为高端的方向发展,但是如果所有一切机制都被某种缺陷瓦解,所有上述的机制都可能出现劣币驱除良币的现象,这是现代经济学所讨论的一种最为严重的问题,这样的状况下,就可能出现特殊的维护产品质量的机制失灵的现象,从而导致本质上,劣币的无限规模化扩张,将高质量的产品驱逐出市场。

上述状况,在任何一个国家和任何一个市场中都可能出现,其本质上是人性的驱动力产生的,从博弈上来看,只要没有足够强大的力量阻止,那么这种力量将会导致市场失效,这种失效仅仅是导致产品质量在不可观察的层面出现微妙的变化,这种问题很可能在特定的环境下是很难通过法律或者任何一种方式来彻底证实的,但是一旦出现了类似的问题,这个市场的产品就会逐步以降低质量为代价,追求短期的利益,从而导致租金逐步耗尽,最后的结果,就是当面临外部竞争更加激烈,也就是面临更为严酷的外部环境的检验的时候,人们会恍然大悟,发觉产品的质量不仅没有提升,还出现了严重的落后。这并不意味着这个过程中,没有人发觉这个问题,很可能像皇帝的新装一样,仅仅是没有人有动机揭露这个问题,即使揭露出来,人们也没有动机承认这个问题。如果任何一个国家都有认识质量的能力,也愿意付出成本去解决这个问题,而且也有能力提升质量,那么所有国家产品的质量就会都很好。现实中,认识到质量不高,可能比较容易,但是承认这个问题,就意味着有人要负责解决这个问题,在官僚主义盛行的背景下,没有人愿意挺身而出为社会负责,或者即使愿意挺身而出,也没有能力做出本质的改变,能做出改变的人只要为了私利不愿意改变现状,那么劣币驱除良币是必然的状况。一般而言,产生社会进步的创新是一种极为难能可贵的、具有强烈利他性的、具有慈善属性的行为。这也解释了我国为什么在雷锋精神盛行的年代有巨大的创新性突破。

一个重要的课题是有关下岗企业的问题。一个具有高利润的企业才能维持长期的创新,或者至少足够的利润,才能维系产品质量的稳定性,如果没有足够的利润,让企业同不区分质量的企业进行规模竞争,而放弃质量作为基本的维度,那么高质量企业必然会在短期内破产。高质量的国有企业破产之后,带来的是无形的工人、技术、管理和与生产相互关联的积累了数十年的国有资产的损失。此后,再要生产出类似具有稳定质量的产品,将会非常困难。

11.2.2 制度因素

恢复生产基本产品的困难之处很多。在面临外部长期封锁的条件下,我国的大型国有企业从来没有接触外部市场的机会,而面临的都是国内的小规模私人、乡镇或者家庭企业,他们的技术、管理和机器来自这些主要的骨干企业,但是他们的工人是以农民工为主力的低收入的非福利保障工人群体。一个具有高福利的工人产业群体,在面临低福利保障的产业集群竞争的时候,如果没有建立起系统的法治保障环境,必然很快就会被产业竞争所冲垮。所以,未来我国建立高端产业的产业集群的时候,必须要首先建立相应的以质量为核心的产业保护机制,防止类似的恶性竞争再次发生,如果不如此,我国未来也很难产生大量高端高质量具有国际竞争力的产品的产业部门。如果每个企业的核心部分都是对于国际市场的逆向工程或者公开技术的使用,而不去保护自己的产业中的高质量部分,形成对于非技术的价格差异,那么很难从国际竞争中产生高附加值的高价值优势产品。

在国内需要建立起类似外部国际市场的竞争环境,才能培养出能够赢得类似竞争的企业和产品。对于参加奥运竞赛的运动员而言,显而易见的方法就是按照奥运竞赛的要求来严格要求,才可能在奥运赛场上获得奖牌,如果在家里按照较低的要求进行训练,那么永远都不可能在国际竞争的激烈环境中,取得任何成绩,因为这样的培训不仅没有任何好处,只能培养出根本达不到标准的运动员。而本质上来看,能否维系训练的高标准和高成本,才是取得奥运成功的关键,而和任何一个国家的制度都没有什么关系。而流行的学术看法是,成熟度,无论是军品的成熟度还是商用产品的成熟度,产品的创新性和高质量,尤其是创新性和制度紧密相关。这可能是导致很多国家在该方面失败的主要原因。

本质上,我们既能举出各种例子,来说明该制度下可能产生高质量的高成熟度的产品,也同样能举例说明类似的制度下,也能产生劣币驱除良币的劣质产品,从而说明本质上,制度根本并不起到任何绝对性作用,而仅仅是形成这个最终结果的某种或者有利或者有害,或者根本无关的因素而已。

我们可以看到,封建制度、资本主义制度、帝国制度、资本主义高级阶段的帝国主义制度、王国体制、宗教体制甚至黑社会控制的区域、财阀制度或者任何一种混合制度,在其某种意义上"运行良好"的时候,都可能产生一种适应于遴选高质量的制度,而在所有上述制度衰败的时候,也更容易产生某种制度,使得我们的创新被劣质的产品替代。

这类似于奥运会的金牌选手,我们可以看到,纳粹可以培养出金牌运动员,资本主义、帝国主义甚至黑社会,以及封建社会、氏族长老制,或者任何无论新旧、无论什么角度定义的制度下,我们看到降生的天才运动员都可能被遴选(也可能被淘汰)而培养为奥运会的金牌选手,当然可能不同的制度在对待天才的时候采取的态度不同,有的更尊重,有的可能仅仅是利用,更多的是压制或者早早就被淘汰了。毫无疑问,在任何一个制度下,都可能产生天才的种子,我们也不可否认,我们无法从根本上理解上述的机制。即使有了适于天才的沃土,没有足够的种子,也不一定就培养出数量更多的天才运动员从而取得竞争的胜利。但是如果没有天才的沃土,那么即使有了种子,也一定不会培养出获胜的运动员。

所以,我们说,任何一种制度,可能在特定阶段都不会全然忽略国家之间的竞争以及国内外的竞争,而完全忽略天才的存在。但是毫无疑问,有的制度,的确似乎不算最好的土壤。至少从历史上的评论上来看,不少制度都被蔑称为十分不适合于作为天才的种子的土壤,但是如果我们客观来看,历史上最长的时段是奴隶制度,而仅次于它的就是封建制度,这并不意味着我们要证明奴隶制度是最有前途的制度,但是毫无疑问,几乎所有的传统的制度形态都打上奴隶制度时代的印记,残留着封建制度时期的某种模式,所以,我们不应该过度从制度主义来讨论问题,因为这其中的"是非"不会是通过讨论能够得到结果的,所以,人类在此一阶段还很难摆脱战争,因为似乎在人们没有办法用廉价磋商(cheap talk)解决问题的时候,很快就诉之于暴力来解决了。而暴力似乎从某种意义上具有了一种得到正义性的权威性,而成熟度,又是如此的结果主义,尤其是战争导向的结果主义论调,所以我们在讨论中,似乎最有力的证据就是来自战争的确定的证据,而来自市场的信息因为较容易被扭曲,这等价于获取信息的成本过于高昂,所以说我们不得不将这样的过程认为是中性的,且具有信息揭示属性。实事求是即是如此。

封建制度,沿袭周礼制度,其制度维系创造的基础是,没有人愿意做丢人的事情,对于名誉的保护是极为严格的,违反公序良俗,轻则被社会边缘化,无法参与公共选拔等具有社会晋级功能的社会公开竞争,重则受到连坐或者株连三族或者九族的惩戒,导致整个宗族一朝败落。所以在封建制度维系良好的时期,人们不会受到强烈的私欲引导而做出盗、窃或者不名誉的事情,宁可饿死,也不会偷窃别人土地中的产物,这样的事情在我国20世纪60年代三年困难时期仍旧如此,不少地区的人,宁可饿死,也不会偷窃别人家的食物。但是毫无疑问,即使如此,也仍旧有偷窃的状况产生,而偷窃多数发生在本族内部,尤其是具有亲戚连带关系的人之间,这些事件中可能具有的争议,往往是在兄弟之间贫富不同时候的,可能会出现偷兄弟的东西吃,但是一般而言,偷窃陌生人东西的情况则比较少见。奴隶制度,相较于封建制度,肉刑则更加普遍,所以说,在奴隶制度下,上述的状况则更少发生,而且因为奴隶制度往往人口还相对很少,如果和平时期,资源相对而言比较宽裕,人们很容易从自然的无主土地、林地,或者河流中,获得自然的产物来充饥,因此,奴隶制度下,尤其是中国还在奴隶制度下的时期,更少见上述的状况。

资本主义制度,是封建传统制度的世俗化变体,强调法治且一般而言提倡仁政,尽量减少肉刑后期逐步消除了死刑,然而我们要知道欧洲减少肉刑的惩罚,距离现代社会并不遥远,仅仅是一百多年而已。因此,从广义的资本主义历史时段,欧洲资本主义早期直到第一次世界大战贵族制度逐步淡化,还是实施封建制度建立的基本道德和宗教约束,而法治是上述机制的一种补充而已。

所谓的产权,也仅仅是维护道德情感的一种方式而已,可以说道德补充了法治,甚至我们可以说法治仅仅补充了宗教和道德教化弱化之后的失序而已,本质上来看,同封建时代的标准并没有什么差异,仅仅是运行方式更加世俗商业化,而不是宗教化。强调了办事的成本,和国家财政的运行,而逐步淡化对道德教化的秩序维系的强调。尽管如此,我们依然可以认为,上述二者对于我们所讨论的问题仍旧具有统一性,而不是互斥性。

第12章

短期策略和长期策略

12.1 一国内部竞争的短期性和长期性的选择

短期策略能带来一种短期的收益,而必然建立在对长期果实(基础、资源和利益等)的蚕食的基础上,如果不需要长期利益,则没有必要建立独立的国家,并排斥殖民主义和帝国主义对一国长期根本利益的蚕食。

长期利益不可能兼顾短期利益,从而必然需要对于追逐短期利益的从众行为或者机会主义行为实行有效的抵制,而仅仅当一国的长期利益被清醒认知并用内部核心力量加以维护的条件下,才能维护好长期利益,其主要的原理就是愚公移山式的长期精神。

短期内,只要外部势力没有明确并且团结起来,一般而言,内部的长期利益的主要基础是不会轻易瓦解的,即使一些小国(以及普通企业)也仍旧可能在特定的条件下,维护一种长期利益的表达。因为长期利益的表达仅仅需要对于侵犯自己长期利益的主要方向来做出回应,多数没有外部严重和直接冲突的时候,是无须对这些行为进行过于激烈的反制的,也可维护一定范围和程度下稳定的发展局面。但是如此清醒的维护内部利益的策略并不一定能够长期稳定坚守其统一性和一致性,一旦这样的传统处于不清醒状态,来自内外的瓦解因素,就会逐步拆解这些传统的稳定的力量,从而导致其走上逐步舍弃长期利益,而选择短期利益的发展路径。

12.1.1 军工、举国体制对于工业化水平的基础意义

生产高质量和高价格的产品,是最快进行产业升级的基本条件,一般而言不能发生在开放的国际环境中,只能在一个国家的内部努力维系下才能达到。达到这样的企业内外部环境,或者可能通过较为纯净的社会环境,或者可能通过较为强力的法治环境才能达到。成功进行产业升级并且能够维系其产品的高质量和高价

格,从而产生较高的竞争力的状况,是一般的西方工业化发达国家的基本样式。我国在前30年所达到的高产品质量和相对较高的价格同西方发达国家的产业发展模式具有差异,但是能够取得工业化的巨大突破,并产生关键的核物理以及航空航天技术突破的基础正是这种高质量和高价格的维系所产生的产业升级的便利性。从而建立起全面的系统完善的工业产业部门,以及军工和航空航天的系统的产业基础,这些基础是支撑我国直到现在的产业不断发展的重要的基础。这一基础性,尤其突出反映在我国今天仍旧被外部技术垄断的航空航天和军工等产业部门的命脉上。这些产业部门,不能简单等同于市场产业部门的一般工业产业部门。

一般产业部门在市场化竞争中,原来的高质量和高价格的部门特点已经完全被残酷的市场竞争所淘汰,这种竞争所鼓励的产业部门模式是低成本和低价格模式,这一模式与高价格和高质量的原来产业部门的冲突是短暂的,在很短的时间内,原有的对应产业部门就被市场机制清理干净,现阶段在市场上已经几乎没有原有的产业部门留存,原有的高质量和高价格的产品,也已经找不到了。

从某种意义上来看,我国今天的航空航天和军工部门的关键产品仍旧高度依赖原有的产业部门的基础,而近几十年发展起来的市场化的产业部门对于我国尖端的航空航天技术和产品的发展支撑作用仍旧有限。从本质上来看,我国C929产品的发展道路代表着我国产业升级的方向,也是我国整体产业升级的一个必要的路径选择和对于未来发展的关键阶段的示范性大型尖端工业项目。这一项目的发展演变和发展路径选择的关键难点在于在短期发展战略和长期发展战略之间做出关键和艰难的选择。如果C929在前30年进行,则必然选择短期艰难但具有长期性的发展战略,而今天面临众多市场化的诱惑以及未来长远发展的挑战,这样的尖端工业项目需要抵御的诱惑很多,如何在复杂的市场中保持清醒和定力,维系我国长期产业发展的基本点,维护我国长期的产业和国家利益,是这一战略决策的重要的关键选择。这些选择不仅仅体现在大型客机的设计、技术的选用、人才的贮备、专家的遴选、工人职业的建设和福利维护等现实的问题,还体现在诸多问题长期发展的战略考量上。

世界在二战后出现了科技的迅速勃发,而后出现了技术的停滞,以及相应的诸多现象如得到学术界广泛讨论的"brain drainage"现象(见8.3节对这期间技术停滞问题的反思)。不少发达国家凭借自己占据世界政治和经济优越地位的优势对相对落后国家的资源和人才形成吸纳效应,发达国家致力于设计不同程度开放的移民政策对第三世界的人才进行遴选,加速推动外来优秀移民驱动力的科技推进策略。对于居于世界顶端的发达国家而言,这一政策对于促进人才的多样性和年轻化显然是有一些效果的,但是整体上这些移民政策所产生的效应并没有缓解二战后(科技大发展之后)紧接着的科技放缓趋势,却带来了不少其他的教育和人才问题,但是围绕科技前沿的设计思路的争论十分激烈,近期美国不少大学尤其是顶尖大学开始对于标化考试实施改革,不少著名学校限制甚至排除了标化考试的选拔方式,以避免其带来的对于创新型人才的挤压效果。

标化考试是典型的西方设计的福利人才制度,将扶贫和人才遴选结合起来,旨在短期内促进解决科技人才的匮乏问题,并对于社会贫困人口具有显著的提升收入的效果,这些制度在19世纪逐步产生而在二战前后得到了很大的发展,在二战后更加大了社会投资的力度,形成了规模化的人才选拔标化模式,从而对于世界范围的人才遴选造成了影响,这种趋势的世界范围大流行改变了以往各个国家具有差异性的、对于多样性具有一定尊重的人才选拔制度。传统的人才选拔制度尽管还在不同程度上保留着,但是标化考试作为一种二战后兴起的社会趋势,对于世界范围的人才遴选产生了很大的冲击,甚至在今天不少国家还对其有很大的正义性和正确性的保护。在二战中以及战后,发达国家乃至于受到广泛波及的发展中国家都处于人才极度匮乏之中,在艰难的战备和激烈的斗争时代,以最快速的方式选拔并且批量形成科研、技术和实际的实践性人才是当时时代的需要。我们在案例的部分说明了,在二战期间,因为战争,各国的人才和技术人员都经历了很大的减损,选拔任用人才成为一个特别关键的问题,人才的稀缺性在战争以及战后达到了顶点。而标化考试只要从别的国家借鉴一张卷子,就可能完成规模化的低成本人才遴选,是较为困难的时代的最方便的选择。但并不意味着这是选拔的唯一方式,往往这样的过于简化的方式,会产生后续的不少问题,在和平时期到来之后,人们就开始广泛质疑一卷遴选方式,并不可能选拔综合素质较高的人才,而脱离了实践,对于人才的选拔尽管大大减少了成本,但是带来的后续问题是很严重的。最严重的是人才尤其是尖端人才的动机和激励问题。

西方社会矛盾频发的年代,基于平均主义的人才选拔方式在社会斗争极为激烈的年代变成了一种平衡社会阶层的福利工具。其实施的基础是对于学生的社会阶层背景进行了二元划分,将收入略高的技术人才乃至于高收入的创新性人才的社会份额,向低收入家庭和群体进行分配。逐步形成为了追求形式公平而进行的对阶层较低的人口进行社会性教育补贴的政策。这种政策毫无疑问缓解了不少家庭无力进行教育投资的困难,在不少国家标化考试同获得福利性社会资助挂钩,例如,发达国家设计的标化考试直接同获得奖励性教育资助紧密联系起来,考试从而被设计并且实施为一种人才偏好性选拔策略。该策略制定特殊制度,识别社会背景和阶层,对较低收入阶层的潜在人才实施社会性补助,解决无法支付高昂的进入研究职位的初步资本投资问题,而较富裕阶层可对其子女自行进行更慷慨的资助。这些政策让较为贫穷的人口更可能获得基于社会的总体税收的教育基金的资助,从而使得他们可能更快进入科学研究前沿职位。现实中如果这样的概率能够确保有一定比例,那么社会对这项教育基金的投入则会是有效率的,也就是他们对于科学研究的贡献可能弥补社会整体的税收资助。实践表明,在西方社会二战后兴起的大量的科研人才主要是通过这样的考试形式来填补的,在各个大学中这类来自低收入家庭的职业科研和教学人员所占比例越来越高。在西方社会教职本身的收入相对并不高,但是工作压力和工作的强度是很大的,所以相当多的职位在强调科研的数量,而轻视质量的整体趋势下,大量放开了科研教职的职位,供社会不同阶层进入,而较为聪明的外国人和低收入家庭的子女则在二战后逐步大量进入到这些较高强度的脑力工作职位上。尤其是中低收入的教职开始大量出现,这些教职群体数量庞大而收入不高,是外国移民和中等收入以下人群的首选。这是西方社会二战之后形成的科研大军的一种新特点,而这样的社会阶层在二战之前技术尚未如此流行,社会性教育尚未成型的时代并非如此,这是二战后创新的社会新形态。社会创新已成为一种普遍化的社会基本形态。一些发达国家的地区整个城市中除了第三产业提供基本的社会性服务之外,城市中一个很大的社会比例就是从事各种同技术创新相关的人群,他们收入各异,居于社会的不同层次,但是毫无疑问,都围绕着不同的创新性主题而从事各种形态的工作。原本以工人阶级为主体的社会转化为一个围绕创新的新的样式,脑力逐步替代了体力的基本工作形态。而形成所有这些新社会形态的过程,是二战后主要通过标化考试进行转化的年代实现的这个社会转化过程。

12.1.2 科研动机世俗化问题

一般来看,一个庞大的低收入背景的技术和科研人群的形成,产生了一些动机不相容的显著问题,首先就是对个体而言,追求更快的名利同固守贫困长期积累创新的矛盾。一般来看,从物质匮乏和贫困状况中选拔出来的人才,其本身的对于摆脱贫困的需要比其进行深入科学研究的自我驱动力更强。可能从排序上来说,人们很难认为,他们追求摆脱贫困必须放在其继续花巨量的时间和精力来投入科研之后,而不顾自己的亲人和自己本身的对于摆脱基本贫困的需要。这样的要求似乎并不是一般的社会伦理所能够接受的。这样的要求似乎对于他们产生了更高的甚至超出了基本普通人的道德水准的要求。他们从其家庭和阶层而言,从考试和竞争中胜出本身带有很强的摆脱贫困和原本阶层的动机,而他们摆脱之后,到底是将自己的能力和时间大量贡献于社会,还是贡献于继续为自己的财富和地位增长而努力,这一点社会并没有任何约束性制度安排,或者鼓励性的一般道德要求。从一般的道德观察角度,社会上急于将自己的所学奉献于社会而不是自己的财富增长的现象,毕竟还是很少的,这样的例子尽管并不缺乏,但是主动抛弃自己的财富增长机会而将大量的时间奉献于未知的具有极大风险的科学研究,从长远来看是一个很正确的选择,但是在和平时期且以短期视角来看,却很少真的形成了社会主体潮流或者趋势。从我国前30年的舆论趋势和社会一般状况而言,整体上人们崇尚雷锋精神,对社会奉献是一定阶层范围或者社会主体的基本主流倾向。即使如一些人认为并非如此,非主流的观念也至少是不会公开挑战主流社会的价值和道德观念的。市场化和全球化的趋势,促进了人们公开追求财富和个人利己主义在社会中尤其是网络上的公开化和主流化。这一趋势鼓励了公开追求个人财富和地位的合理性和社会趋势,尽管主流价值观念和社会重要的阶层并不可能公开认可这种意识,但是在一定层次上,这些趋势从觉得"耻于"公开追求名利,逐步在全球化的市场环境下,觉得自己的追求"合理",甚至开始出现嘲笑"牺牲""奉献"者的苗头和倾向。社会中不同的道德观念和价值观念产生了严重的碰撞,尽管主体学校教育仍旧坚持了奉献精神的主旋律地位,但是不得不承认社会风尚经历了变迁甚至发生了不小的变化。

12.2 企业面临的问题与决策

从社会一般的趋势来看,企业并没有足够的力量改变上述的现实,但是企业可能从其本身的基本特点来选择其所使用的人才的基本特点。

一般的企业并没有足够的能力、耐心和投入资本的能力来充分审查并获取自己所急需的人才,这同时也包含了不少企业对于自己所需要的人才的类型以及人才市场都存在很大的盲目性。但是一般而言,所有的企业都会从主动接触自己的人力资源部门的个体中对于这些个人的经历和取得的成绩来评估人才未来可能的发展轨迹。如果一个人已经取得了一些既有成就,那么企业就会不考虑其本身的动机,而去聘用其加入自己的核心科研团队,甚至聘任其作为自己的主要的科研核心项目的主管吗?这是一个关键的问题,需要非常细致分析,才能得到基本的且合理的结论,正确的结论是不容易做出判断的,如果非常容易就能够识别出来,那么现实世界的创新性工作就不会如此困难了。

首先,假设具有创新性的人才,是否能够做出创新性的成绩,本身有可能同其动机无关。也就是,这是一个完全随机的创新性可能,其天生就存在这样创新的能力,只要其愿意同企业交换,那么企业就可能得到这样的结果,复杂的机制并不存在也没有讨论的必要。假设如此,那么创新性人才只有自己才知道是否已经做出了原创性的工作,而且在没有足够满足自己的交换价值的时候,不会愿意进行交换。然而此时,除了自己之外没有任何外部的机制能够证明,自己就有这样的创新性能力,因此,从这种意义上看,这个个体并不能证明,也无法将自己同其他任何一个声称具有如此能力的个体区分开来,而且即使将自己的成果拿出来,如果没有足够强的法治保障的话,那么他的成果也很容易被企业或者其他任何一个了解这些成果的人所窃取。因此,从这种角度来看,要想得到这样的创新性成果,必然需要强力的法治的保障,才能使得这样的复杂的交换能够达成。假设这样的创新是不多的,而且对于这个发明人来说他仅仅偶尔或者付出一定努力之后才得到了这样的一个成果。他并不了解在这个成果之后,自己是否还能创造其他的成果,或者他完全不了解,这个成果自己到底付出了多少,或者应该得到多少。但是就其社会价值而言,可能是很大的,而且一般而言,这个成果也很难拆分,从而逐步得到自己希望能够得到的交换价值。

一般而言,一项成果如果在最后研发阶段,都或多或少会出现类似的状况,因此,法律保障是出现创新性成果的关键。无论这个个体是否有能力保护自己的成果,出现的成果如果能够转化为企业的关键技术,所需要的是公平和高度保护的法治条件,缺一不可,任何一种窃取的可能性如果存在,那么这个个体为了确保自己的生存和稳定,一定不会将自己的成果随便向外界展示。或者其可能将自己的成果带到法律保护较强的地区,从而将成果带给其他的国家和民族。

所谓创新性成果流落在民间,也就是一项价值很大的成果存在于没有相应的资源用以保护其发挥作用的人的手中,这样的状况极为类似于一个出身底层的人,其获得了极大的天赋。对于这个人而言,与其花费大量时间研究足够多的成果,然而给不能保护其价值的自己带来危险,不如花费更多的时间用于积累财富和其他的力量,从而产生保护未来成果的足够的社会影响力。这样的状况是极为普遍的,因此,就一般的社会理性而言,贫弱的个体无法支撑也无法享用自己产生的具有极大价值的创新性成果。无论他们是否已经产生了足够多的产生价值的思路,一般而言也无力去将其转化为生产力,更无力完成产品的制造过程。这样的状况是值得人们反思的,如果说建立广泛的社会研究机构,而这些研究机构本身的社会影响力却既不足以参与极为复杂的研究项目,也不足以保护自己现有的有价值的新的成果,将导致这样的研究机构本身不仅不会为社会的根本的重大创新产生任何有价值的成果,而且还可能逐步沦为没有任何实质的科研成果,而仅仅是一个形式上养活一些根本无力从事深度研究的人员的松散组织,他们多数时间根本没有讨论实质性科研的动机,而仅仅希望能有稍微多一些的收入,来维持一个社会平均意义上的生活水平而已。

这样的机构遍布世界,很多名头很大的机构,实质上也没有什么实质性的创新成果。有成果的机构往往需要的不仅仅是巨额的资助以及关键的、具有能力的社会信任,更多的是科研人员本身的能力,这能力大到足以保护自己的科研不受任何其他人的侵犯和占有。而且后者才是最难的,也是整个制度最难以完善起来的。

12.2.1 创新性成果

创新性成果并非以均匀随机分布形式产生在不同的阶层之中。进一步来看,在科研中居于最关键地位的团队中坚力量,一般而言需要具有相当天才因素的人来担当。天才的来源未必同阶层相关,但天才的自我发现和辅助天才的必要的巨大投资在现实中却具有很复杂的制度相关性。假设天才潜在的种子在所有人群均匀分布，在不同的土壤环境培养下，产生的成果也未必均匀分布在不同的层次上，因为十年育树百年树人，在自身艰难生存的社会阶层毫无可能提供合适的环境，苗子在没有条件的土壤中，必然无法充分成长。富人可能自我资助，中产也会适度资助，然而私人的家庭投资是有条件的，需要下面的条件能够自我满足：第一，他们能够并且愿意为自己的子女付出这部分进行科学研究的教育基金；第二，长期来看，他们能始终维持第一类这样的基本动机而不改变这样的家庭决策。然而，就一般的发达国家的经验而言，他们如果没有特别的对于社会竞争的基本偏好，上面的条件一般而言无法长期自我满足。这就是教育作为一种具有强烈的正外部性的服务类产品的基本属性。社会的需要是无法依赖私人或者家庭的自动投资而满足的。

因此，教育的发展决定了创新的形态。二战后流行于发达国家的基于公平的教育选拔策略，其设计的基本理念在前文已经详细阐述，大量的发展中国家也基本沿用了类似的思路。普通的标准化人才选拔机制，是一个社会广泛使用的人才选拔机制，其能够解决的基本问题是有没有人才的基本社会需要，而不是我们这里所需要的专门研究型技术人才。普通的人才选拔机制，对于社会的基本期望而言，并不能满足人才的研究型需求。显然上述机制对于前沿科技（所谓的突破性创新）的贡献度却有待深入讨论。我们也很难说，8.3节讨论的近期科技大停滞是这些政策系统性失败导致的。

这里我们重点强调的是类似于C929客机研制这样的对于国民未来有着深刻影响的尖端项目的人才搜寻、选拔和积累问题。所以，我们所讨论的人才目标，就不仅仅是简单的人才，而是尖端的科技或者技术人才，他们重要的特点是既要有足够的才能，又需要长期的付出甚至奉献精神，或者用时新的语言来说，是尖端科研领域的工匠精神。

从上面的分析可以看出，创新性的成果即便已经产生，也不会被简单释放出来。创新性成果也很难不依赖任何外在条件而均匀产生在任何阶层的群体之中。一些简单的统计数字就能看出，在不同的人口数量的国家之中，创新性的成果是完全不成比例的，有些人口数量较少的国家可能处于世界激烈的创新竞赛的前端，而大量人口较多的国家却长期没有实质性的创新。这些基本的统计数字，至少说明了创新并不是按照一般的人口的分布均匀产生在人类之间。前面我们讨论了关于已经产生的创新展示在市场上的基本的条件，这种复杂的信息结构说明了创新展示出来：信息揭示本身都是很困难的，至少高度依赖于保护性的法治措施，而简单的低成本的保护措施，和一般的象征意义上的文字起不到对于极高价值的创新性成果的实质性的保护。

对于已经实际出现在世界上的创新成果以产品形式展示到世界的基本机制的讨论我们这里告一段落，不再继续，而专门就创新性的过程加以讨论。这个过程可讨论的角度很多，至少可能分为下面几个重要的方面：

（1）创新先天的能力需要良好的教育才能使其得到良好的开发——能力方面；

（2）创新即使有才能，没有长期放弃短期利益的投入也很难成功——创新意愿和意志力不是天生就有的；

（3）天生的创造力如果没有足够多的资源供其不断选择试错，也很难出现可见的用于社会的创新性成果——试错成本高昂；

（4）创新往往需要家族共同的努力并付出几代人持续的代价才能维系长期的不断产出——企业家精神的内涵，例如德国和美国发明家和企业家的重合，用企业和家族来确保其创新的进行。

12.2.2 创新性人才

下面简略讨论支撑创新的人类才能的基本特点及其可能的利用机制。就人的可能性和多样性的维度而言，我们发展到现阶段的研究还不足以对其进行较为全面的确定性的研究。或者说，任何形式的确定性的归类和识别，都会导致其多样性的丧失。任何一种依据不充足的量化或者标准化的筛选形式，都会导致一些未被定义的维度的减损，而在人类青少年中进行这样的测试或者筛选，会带来很多坏处。如果说其好处是可能节约资源，或者将有限的资源更好地集中于更有潜力的教育对象上，那么坏处就是可能在遴选之后，最具有潜力的未知维度的天才已经被淘汰了。因此，标化考试越来越被世界范围的教育机构所抵制和废弃，在不少富裕国家的实践中，也逐步认识到定量的和标化的考试对教育和国家的创新竞争力具有很大的坏处。

量化的考试，所能提供的是一种方便的参考和对于资源集中使用的便利性，可能带来的好处是解决有没有的问题，当人才和教育资源十分匮乏的时候，使用这一方式，可以短期解决人才有没有的问题，但是要想解决高层次人才的匮乏问题，单纯依赖标化考试，尤其是以量化指标为基础的标化考试模式，必然带来对于人才的粗糙的使用，大量的真正人才被遴选过程所淘汰，这样的浪费在一定程度上超过了其可能使用的部分。这样的问题在今天的人才使用中是典型而非常尖锐的，是我国很多资源较为丰富的传统的大型企业在搜索、发现和使用人才的误区。在普遍的标化考试被企业内部使用，或者企业对外部竞聘者实施大量标化考试的时候，人们可能很难清楚地知道，是否是自己的某种确定性的机制妨碍了对于多样性人才的筛选，或者可能自己设定的激励机制并没有充分发挥正确的作用，从而造成了严重的逆淘汰现象，而在最初的阶段就把人才筛选掉了。这样的状况在不成熟的人才选拔机制中是极为普遍的。

此外，是否有才能和自我发现紧密相关，一般而言，自我发现的过程应该是教育的主要过程,而这个过程也可能被教师发现,但是在教育的较早阶段或者公立大规模的教育模式中也存在极大的可能仅仅有自我发现,而没有教育揭示的可能。对于教育可发现的人才,则利用起来相对容易,因为教育工作者可能对其施以必要和有益的辅助,从而对其产生更强的自信和继续发展的意愿有很大的帮助作用,甚至可能获得更好的教育条件,从而更早得到社会的认可。但是对于更多存在一定程度自我发现但是没有被教育工作者发现的人才,社会发现的过程可能就会更加艰难。很多旷世大科学家或者有才能的人都是这样的类型,如爱因斯坦等。一般的现象显示,即使在科教发达的国家,以及科教最繁盛的时代,人才被逆向淘汰的可能性也是很大的,这也说明了人才发现本来就是一个成本极高的过程。

人才的年龄机遇很重要,一旦错过了开发的年龄,而用其他的思维模式将其覆盖,那么其特有的思维习惯就会为之改变,而其本身如果没有发觉自己的才能或者选择了主动放弃自我而融汇于社会主流的思维模式,以适应艰难的生存,那么这样的天才就错过了其可以开发的重要的时间窗口。多数的发展中国家的潜在人才都被埋没或者自己选择了另一种动机体系,自己没有识别出自己的天分,他人更不可能为之付出持续的投资,导致人才可能永久性埋没的概率是很大的。因此,天才的开发需要很多外部的机遇和条件,如果天才生于一个并不太重视发掘和开发的环境,而且条件也相对比较差,那么其必然经历的挫折和成本就会大大增加,其可能成长的机会就大大减损了。因此,一般而言,或者生在贫寒的家庭,但是有公立教育的充分的帮助,或者出生在优渥的家族条件,且有善于教导的父母,都会有利于其发展和成长。正如天才的维度无法量化测度,天才的培养也很难限定以确定的尺度,有的天才需要磨难激发,有的天才却需要长期的宽松条件来滋养。这里讨论的是自我发现本身的困难性和高成本的特点。另一个主要的条件是自我发现之后的持之以恒的坚持投入、自我发掘、自我成长的过程。这个过程需要天才放弃大量的社会化的外界诱惑,在得到短期收益和继续开发自我之间进行艰难选择。因此,多数而言,天才并不难找,但是这样的毅力、顽强努力自我坚持的,却很难找到。这需要放弃很多短期化的和社会化的机遇,从而维持在一种孤独面对自我的状态上,这样的状态是不容易坚持的,尤其是对于物质条件艰难的人,即使对于有足够条件的富裕的家族,也仍旧会面临很大的矛盾:时间用于发展家族的事业还是自我的才能的进一步开发。

这样的问题对于所有的阶层都是现实的,矛盾是持久的,也是天才自我发掘过程中面临的根本问题。因此,一个出身寒门的天才和一个出生于富裕家庭的天才,都面临类似的问题,马克思如果不选择自己的理想,也会有一个优越的成为富商的道路等着他,而选择理想必然是面临更加孤独和较为贫寒困窘的生存状况,甚至不断搬家、流离失所、靠他人的短期的接济度日。这样的困难对于有才能的人来说都是必然要经历的,但是显然,自我发现的意志力和坚持开发的自我激励动机的建立,是极为重要和关键的。

但就一般而言,天才的能力和后天也有着紧密的联系,尤其是技艺以及知识密集型的天才,往往是同其家族和家庭所擅长的领域有紧密的联系,而这样的家族的传承性质的天才的发现和经营过程则更接近于一种自然的、具有较少冲突的、能够物尽其用且有较高社会和经济效率的一种开发模式,这样的模式对于能够转变为社会效益的技术类别的天赋尤其具有优势,技术传承不仅仅在工作场合,也在家族内部传承,这不仅仅是历史上工匠技术类职业的基本的发展模式,也是资本主义发展历史上企业家精神的基本的传承模式,其所体现的优势在人类社会中具有较高的效率性和合理性,对于我们未来的创新发展模式也具有很大的启示。

我们这里讨论两类高端人才,他们都是社会极为稀缺且非常关键的人才,第一类是不世出的旷世奇才;第二类是专门人才。这两类人才都不是一般的大众普通教育所能支撑的人才类型。因此,大众教育所能得到的人才,可以称为第三类人才。

第一类可能塑造全新的产业和技术未来,他们对现有的格局和面貌有彻底改变的能力,但是因为他们的才能是人类天才多样性的典型代表,他们的才能既不同于其家庭家族的知识,也不同于既有社会的一般知识,因此环境对他们的作用同其自身相比,似乎内在的自我培养和独立、自由的发展更有利于他们的才能充分发挥。但是这样的人才是极为稀少的,每代人也未必能见到一个对于现有知识结构发生彻底颠覆性创造的人才。

第二类人才是既有知识的集大成者,环境对于他们的塑造极为重要,从他们的成长来看,家庭、家族或者其所接触到的精神导师对于他们的影响是极为关键的,他们在有利的环境中可能长期吸收并且创造新的知识和技术,从而在成熟之后,创造出举世瞩目的创新性成果。

第一类人才的数量比第二类人才数量要少很多,而就大众化的教育而言,第一类和第二类人才都有被一般的教育淘汰的可能性,而第一类人才被淘汰的概率更高。这也是标化考试相关研究和文献所关注的重点。

这里面我们着重讨论第二类人才对于一般尖端科技类企业的重要作用,因为第一类人才既难培养、也难发现,一般而言不是主流企业能够寻找并且得到的人才类型,而第二类人才却很容易通过特别的关注,进行搜索和汇集,从而对于高端企业的技术发展产生实际和现实的影响。

大众教育发展出来的第三类人才,一般而言是以市场为导向的,也就是这类人才的主要的目的在于短期收益,其所具有的才能必须要短期内展现出来,才能适应这类市场化的教育和遴选规则的特点。如果需要人才长期进行"逆市场化的知识积累",则此类教育以及遴选规则必然呈现出失效的一般样式。这里逆市场化的积累,是指不追求短期利益,而寻求长期的积累之后产生的某种不可预见的积累成效。这样的成效可能很大,也可能很小,不具有任何可以描述的确定性,大众教育的人才动机倾向于短期化,他们很难在长期内进行毫无收益的工作,因此,无回报的积累很难在这类教育机构及其培养的"人才"中出现,因此,第一类和第二类人才的关键特点是,其必然由"逆市场化"的知识积累过程所产生,而这个过程的实现,必然需要其家庭以及个人付出大量的无回报的时间、精力和个人的财富。

能够支撑这样的积累的,将短期和长期利益结合起来的模式,是家庭或者家族的培养模式,这类模式,一方面有家庭内部的知识积累,且有家庭为了培养下一代继承者的动机和无回报付出的较为宽容的态度,从而使得他们的子女有充分的时间来消化、吸收、总结和升华既有知识,从而产生较为重大的对于现有关键问题的理解和突破。从历史上来看,具有传承性质的门第、家族是产生技术和知识积累的主要的单位和部门,我国历史上一度非常重视门第的观念,其重要的依据就是世家对于知识和专门技术的积累和传承,要远远优越于出身普通寒门的从业者,他们的积累是靠几代人完成的,而外来的门外汉,仅仅凭借一代的积累,很难同他们进行实际的竞争和较量。

我国现阶段正在进行的积累性的技术和知识储备,就是这样的一种模式,其必然产生几代人相互积累的作用,因此产生的效果也很可能是通过家庭或者家族的形式显现出来的。从资本主义发展的角度来看,很多高科技公司的传承也都是发明家几代人积累产生的,例如,德国企业具有非常典型的特点,克房伯家族、大众等汽车企业,美国的很多企业也由发明家创立,例如,爱迪生创立的通用电气等。

第3篇

案 例 篇

第 13 章

案例的历史宏观视角

13.1 围绕成熟度的宏观角度审视

如果我们从较长的历史时段来看军品的成熟度和商业产品的成熟度,我们可以很清楚看出,一般而言,商业产品的成熟度比军品的成熟度更充满竞争性,尽管可能从绝对的技术含量来看,军品的技术要远远比一般民品的技术先进,但是并不是任何技术都可能从现实中找到市场,人们熟悉的铱星系统就是一个典型案例,到现在铱星系统仍旧是卫星电话系统中的一个重要的商业应用,但是从综合角度来看,能够将频谱传输数据广泛开展的,却是技术路径更为"低水平"的我们日常看到的基站系统。

从历史的角度来审视,实践中的技术和产品成熟度,到底能达到什么样的高度,二者的关系是什么,有哪些规律我们可能从对历史的细节中找到重要的线索。这类研究在现阶段的研究中是非常缺乏的,但是这样宏观的思考,如果有任何发现或者收获,对于现实中的实践问题,都有极为重要的指导价值。

首先我们必须承认,无论军事大国,还是电器大国,无论军品生产得好,还是一般商品有国际竞争力,都源自同一个基础,就是工业化的产业基础,没有工业化的产业基础,就不可能有各种其他的产业发展和技术或者产品层面的竞争。

但是工业化仅仅是一个基础或者平台,这意味着一个国家可能从商品生产的能力上,有了和别人同台竞技的基础,但是即使同样是工业化了的国家,也并不意味着,必然有实力登顶军事强国,或者在国际市场上拥有竞争力很强的产品。这还有一段很艰难的竞争的路要走,这部分需要激烈竞争的实践问题,用概念化的方式给出一个单一维度的竞争指标,就是我们说的成熟度。所以,成熟度是一个极为复杂的概念,这不是一个单纯的能简单量化的概念,而是一个具有结果指向性的度量。也就是,成功地成为军事产品名列前茅的才是成熟度在当时的具体表现,至少成功成为当时商业竞争领域中的热销且高利润的产品时,我们才能说这类产品具有了当时较高的成熟度,但是这并不意味着未来还会稳定维持,类似于触屏手机淘汰了按键手机一样,成熟的产品也随时面临被市场淘汰、被消费者抛弃的可能,但是毫无疑问,在任何一种无论军品还是民品的竞争中都是如此的,不会有永远的成熟,只有当时相对而言的成熟而已。成熟产品,不一定总是成功的,但是在激烈的竞争中成功的产品必然具有一定的成熟度。

本质上来看,每一次激烈的战争,都会产生激烈的军品的升级和技术进步,与和平年代人们设想的技术进步不同,军事竞争中的技术和产品的进步是具有高度实践性的。理性决定了前者的路径依赖,而后者的路径更大程度上是实践的产物。每一个技术进步的背后的推动力,都是现实的需要,一旦开始出现了新的技术,在工业基础上都会很快投入到现实的应用中,而所有这些应用都在现实的需要面前不断变换着自己的面目,无论人们在文字上还是在舆论上如何评价、如何褒贬,只要实践不停止下来,那么军品的技术进步就不会停滞。而和平年代一旦开启,大量的技术细节都将会随着时间而消逝掉。刀枪入库,马放南山,仅有少数的核心技术能够被现实所吸收,而绝大多数的技术细节都将会逐步被时间尘封掩盖。1961年肯尼迪公开宣布了阿波罗载人登月计划,1969年完成了首次探月任务。1972年尼克松任内终止了探月计划的继续进行。美国的探月计划,从综合工业生产力角度来看,是美国国力鼎盛时期的产物,首先是国力,其次是科学家智库的实力,都达到巅峰才能支撑的产物。从国内生产总值(gross domestic product,GDP)实力来看,当年投入探月的经费转换为今天的购买力每年在数千亿美元之上,而今天美人迟暮,美国国家航空航天局(National Aeronautics and Space Administration,NASA)每年的年度总财政预算总额也仅几百亿美元,从国力上已经无法支撑。美国在其国力的巅峰之后,出现了人才流失(brain drain)和人才断档。老一代优秀科学家去世后,没有后继的人才梯队能够弥补代差。例如,当年的登月计划很多关键部件都无法重新生产,甚至不少关键部件的原理都已经失传,最有名的是关键的导航问题,当时没有全球定位系统(Global Positioning System,GPS)卫星定位,所以定位依赖机械装置,今天的逆向工程还没有成功。另一方面是太空服的问题,当年的太空服还有留存,但是已经无法查证到底是谁设计、谁生产的,进一步的逆向工程也很难展开。更多的技术细节都说明了,在预算长期不足和科学家实力严重倒退的现实面前,近年重启登月计划的阻碍是很大的。

表面上看,绚烂的科技树,是依赖着巨大的国力来支撑的,如果经济基础已经无力维系,那么众多的科技产品都无法持续生产和传承,一旦开创技术的科学家辞世,那么当时的技术就几乎失传了,即使有所传承,后人也无力维系庞大的生产和耗费来保持这些超越时代的技术。所以,表面上看,一种技术在世界范围的成熟,是以生产力水平持续稳定存在来支撑作为必要条件的。和平年代开启的不仅仅是经济的繁荣,还有战争时代开发的多种技术的逐步淡化和湮灭。二战后开启了人类历史上一次较长时段的和平时期,而这段时间,对于发达的工业化国家而言,意味着大量先进的军事技术的逐步尘封,标志着一段漫长的技术停滞时代的到来。和平年代,国家无法动用组织力量来驱动和维系庞大的战争机器的运转,战争一旦停止,当时耗费巨大的战争装备都面临长期搁置,此时我们看到的世界范围的战争机器的停摆,就意味着这些装备背后的庞大的人员、维系和技术支撑团队的逐步边缘化、失业,最后就是技术被逐渐淡忘。可能少数技术能够在民用市场找到合适的出口,但是大多数实用技术必然面临着搁置和遗忘。

13.2 成熟度的政治经济学解释

13.2.1 概念框架

成熟度是一个复杂的概念,因为社会科学领域的相当多的大部头理论都可以看作是用来说明这个概念的下层基础理论,但即使如此,也还是没有彻底让所有的人都被说服,这说明了这个概念的复杂性,而且因为不同的理解还引发了超过口头之上的政治、经济甚至意识形态和武力的竞争,甚至激化了观念的竞争,以实际行动来验证理论的正确性,这就是历史,也是近代我们经历的社会和国际关系。不断有各种概念来解释现实中围绕成熟度的竞争而出现的成败关系。人们看到工业国的崛起,而对农业国的国本基础开始产生失望和改造的动力,起于人们认识到有关成熟度的概念是同国家的制度结构形态有关的。工业化的国家,在制造军品和具有竞争力的商业产品上似乎更有强有力的竞争性,这样直观的感受使得学术界发明了一系列的名词来描述上述的现象,例如,"工业化""商业化""现代化""先进性""组织性"等大量的概念开始出现在 18~19 世纪的经济学和政治经济学的术语体系中,人们越来越认识到,工业化的产能和工业化的对于军品和商业产品成熟度的概念,是解释一个国家的"强大"和"国力"的核心概念。

一个时代有一个时代的标志性的成熟产品,例如工业化的早期,代表这个时代的是蒸汽机,以及蒸汽机在织布、交通运输、钢铁业、化工业等产业的发展而产生的一系列的工业化的典型景象。

我们用成熟度来描述不同工业化国家的军品和商品之间的不具体的差异性,我们说一个国家的强大,可能包含了军事上的强大和经济上的强大和富裕,而这两个方面都是通过军事装备的产品成熟度和商业产品的成熟度来进行具体度量的。我们说一个国家的军事,往往用这个国家的军备的产品数量和质量来进行度量,而民品更多的就是国际上在特定领域的竞争,不仅仅是成熟的产品的竞争力,还有数量上的产能优势,都是成熟的重要标志。

13.2.2 技术的先进和落后问题——技术成熟度

技术具有时代性和相对性,所以某一个时期描述某种技术可以使用"超前性""先进性""落后技术"等来描述。但是技术在不同的时间和地域也表现出极强的相对性和差异性,在一国超前的技术在他地可能很少有先进性或实用性可言,所以说技术谈先进有时候并不容易,也很容易因为不同的视角、观念和维度引起极大的争议,但是毫无疑问对于企业决策而言这是一个极为关键的概念,因为决定了某一时一地是否需要对某种技术进行投资的问题,所以讨论技术的成熟度就包含了其中一种很重要的维度,就是先进性的问题和相关的讨论。我们以汽车为例,谈了很多相关的问题,但是仍旧有一些实践性的问题并没有提到,在下面案例中我们结合实际的状况,对这些问题进行一些查漏补缺的讨论。

13.3 宏观角度审视经济史中产业基本发展模式

从时间空间角度来看,拉长视角,我们可以看到近代以来一个清晰的产业发展,尤其是制造业发展的基本发展模式或者说演进路径,这个路径在近代19世纪末之后的背景下是技术从西方传到东方的路径,这就是我们近代的基本的世界格局所形成的结构性背景。先进技术从发达国家向不发达国家和地区流动,电视机从西方发达国家,流向日本,之后流向亚洲四小龙、四小虎,形成了亚洲特有的电器家电产品的雁阵型产业发展格局。产品发展到所有的国家和地区之后,随着技术的逐步扩散和落后地区逐步模仿升级,产品的相似度逐步提升到接近的程度,最终利润逐步变得很低,在这样的条件下,一波产业发展的浪潮就终止了。这样的发展模式,不仅仅是一个产业发展的基本区域性结构,也是经济发展,乃至于生活水平提升的基本结构,这个结构中,我们看到了宏观经济学的基本的思路和方法,以及基本的对于经济发展的最核心的认识。从简单的发展模型,到实证性结论,都指向了一个简单的结论,就是随着技术的不断扩散,所有国家技术上都达到了类似的水平,从而使得国家之间的技术差异逐步消失,从而带来的外推假设就是如果这样的过程无限进行下去,和平条件下的迭代导致的结果就是所有国家都达到了一样的水平,这样的结果几乎是所有宏观经济学者都较为认同的,也形成了宏观经济学的基本的"收敛性假设",即所有国家最终都收敛到类似的生活标准上。尽管现实中未必真的如此,但是对于产业发展和经济发展而言,这其中包含着真理性的一般规律。这样的产业很多,汽车业也是很好的例子,从发达国家的欧美轿车,到日本轿车,到韩国轿车,到国产轿车占据主要的市场。手机也是类似,但是显然发展得更快,从摩托罗拉、诺基亚,到日本手机、三星手机,然后国产手机占据国内市场,并在世界市场也占据了相当的比例。类似的例子还有很多,铁路交通也是如此,从德国克房伯公司的火车头、世界范围的发达国家的铁路大发展、我国清末也赶上一些铁路发展的潮流,到近代的高速铁路、德国的高速铁路、日本的高速铁路、我国的高速铁路。还有更多的其他产业的例子,技术从西方输出不久,迅速在全世界形成了一波产业发展的浪潮。这就是近代发展的基本的一般的状况。要想逆转技术从东到西,重新回到明朝乃至之前的状况,还需要耐心积累才能完成。

如果以上述的观念审视,无论是装有内燃机的汽油车,还是一般民用的飞机行业,尽管现阶段在我国的城市化迅猛发展之后,还是我国产业的支柱型的发展部分,但是毫无疑问,这些产业从技术上来看已经有上百年的历史,按照产业的生命周期来看都是很成熟的产品了,或者说我们应该定位这些产业为夕阳产业。溥仪在20世纪初期就有八缸发动机的乘用车作为座驾,这些车的发动机技术在当时已经相当成熟,到现阶段经历了漫长的改进和降低成本的过程,已经更是可以走入寻常百姓家。

1900年就德国人研制出了迈巴赫公司生产的12缸发动机,今天普遍用于汽车,但是当时是应用于航空领域,安装在齐柏林(Zeppelin)飞艇上作为民用运输驱动器。其后英国人将12缸发动机应用到赛车领域,而一战期间,12缸发动机飞艇应用于战争,以及其他的军用飞机中,因为战争的催化和竞争,这些高效率发动机也从而在更多的军品和民品中加以应用,更多用于汽车的发动机上。到今天,汽车发动机也已经经历了百多年的发展历史,核心部件已经逐步标准化,成为非常成熟的技术领域。

汽车产业以美国为例,在发动机逐步成熟之后,大量企业进入汽车产业,在当时很多投资人和制造业企业家都看好汽车生产,新创立的品牌厂商有两百多家,不少企业在随后的发展中都按照自己的思路探索市场的发展策略,事实证明,随着产业的迅速成熟,在没有转型向低端廉价车发展的企业很少能够抵御未来的市场风险,1929年大萧条期间不少企业就退出产业了。如果能赶上其后的二战产业繁荣,开始承接大量的军工订单,那么企业的寿命还能进一步延长甚至成为规模庞大的企业。即使如此,接受了大量订单,在战争结束之后,产业规模急速缩水的条件下,能活下来也是奇迹。美国二战后形成的"锈带"区域和城市,是这类产业在二战后大量消亡给企业、员工和区域经济发展留下来的长期伤痕。一直到今天还在产业、经济乃至政治层面影响着美国的国家的基本格局。

产业的发展模式,尤其是同一个产业在不同国家的工业化发展时期,具有很大的相似性。波导这家在21世纪转折时期在国内具有相当实力的无线通信终端制造商,在智能手机出现横扫手机产业之前,曾经数次执着地向汽车业转型,但是始终无法如愿形成稳定的利润增长点,其中原因是值得研究者深思的,汽车行业看似不断推出新款,持续维持着市场的热度,但是本质上这个产业是一个成熟度极高的产业,对于这样的产业,其本身和手机这类电子通信产品产业具有很大的差异性,依赖原来产业的制造经验和管理技术,很难在这样的夕阳产业中获取稳定的维持利润,更不要说得到较高的利润来进行技术和产业的升级。所以,对一些产业的发展历史和内在发展规律进行研究,尤其是对于该产业的技术成熟度和产品成熟度进行深入研究,是获取这些产业成功的重要的现实依据。每一个造车新势力时期都有不少类似的企业,用自己的经验来试错,为我们提供了对特定时期的产业发展的最深刻的经验。

13.4 商业产品成熟度的非技术维度

13.4.1 谈商业市场中产品成熟度的独特维度——审美

齐白石对中国艺术的名言"作画妙在似与不似之间,太似为媚俗,不似为欺世"(秦牧《艺海拾贝·酷肖》)不仅仅适用于中国的绘画艺术,更适用于描述中国人对于艺术的理解,承载了数千年的历史、文化和胸襟,是与其他国家迥然不同的民族性的突出表现。中国从古至今有匠人也有从事艺术创作的人,匠人是复制自然的原样,追求与视觉达到精确的程度,而艺术则不然,不求还原现实中的一切细节,而求得的是对于其神的捕捉。这两类人对于中国艺术的审美而言,有着至深的差异,而对于中国哲学乃至美学而言,也是深入骨髓的。中国人的大国情怀,即使在消费领域也是如此,从未跟从他国的审美而亦步亦趋,从来都是有自己的一个情趣和道路。

如果讨论到消费品的消费偏好领域,中国市场的偏好往往因为如此,而具有了特别的一个可以进行经济研究的领域。我们仍旧从案例入手来启发读者。日本产业和制造业,以其制物精细的偏好而形成了特有的文化特征,以汽车产业的设计和制造为例,日本汽车的产品处处留心细节,设计师有着细腻的观察和设计,日本汽车的对于细节的重视是不同国家的工业设计中很突出的。但是在中国市场,即使日本汽车占有份额很大的时候,人们购买日本汽车的主要动机,也从来不是对于日本的这种审美偏好的认同。这种文化的认同感从来没有占据消费偏好的主要因素。同样比较畅销的美国汽车制造设计偏好,是一种美国文化的表现,美国汽车设计粗糙,故障率也不低,很多都存在发动机的显著的毛病,但是美国汽车向外输出的是一种大排量的尚武的文化,以肌肉车为代表的美国审美特征的表现,这同美国的西部片和美国文化一样,吸引着一代中国人的目光。

日本车故障率极低,细节完美,却没有人真的喜爱,当收入提升到一定程度还是被自己内心的理想型吸引,从而购买更符合自己审美偏好的汽车。所以日本汽车在中国市场上,始终占据的都是中低端的市场,在实用和适用性上人们为了生活的便利而消费,却不是因为喜爱而满足自己的审美偏好。拥有数千年历史底蕴的大国情怀始终有着自己的精神追求,而其中绝不是对细腻和细节的关注,却可以是一种精神的特质。

13.4.2　消费观念逐步成熟的表现

在中国风格的工业化设计理念中,彰显出中国工业新势力的诸多特征,在初步电子信息化的大趋势下,追求外形和外观的理想化和科技理念的风潮始终是工业化设计和消费偏好的主要特征,其中外形外观的工业设计突出表现出国产新势力的汽车消费设计偏好,其中突出了科幻风,金属质感,加上西方流行的冷淡工业设计风格,以及混有乡村风格的田园风等,都是国内流行的时尚的工业设计风格。

然而,在文化认同领域的过度表现,也会出现不成熟的市场现象,在特定阶段,造车新势力中也存在一些短期性的行为,例如特定时段流行车内的大屏风格,将电子工业的偏好强行嵌入家用汽车的设计风格中,而且在局部市场的特定时段还很流行。这不得不说是一种短期的市场不成熟的设计表现,而消费者消费心理的不成熟,也具有短期的盲目性和冲动性。特别是如果存在欺骗性营销的成分,则必然不算什么好的事情,这样的设计和市场营销理念也很难走长远。从长期来看,被市场识破淘汰之后,最后落得名誉尽失,是迟早的事情。

在世界范围的乘用车市场中市场不成熟的表现也很明显,在人工智能和乘用车结合的领域,一般而言仅仅限于半自动驾驶技术的民用应用,因为民用领域考虑的是安全性、社会稳定性和便利性的结合,在全自动概念流行时,人们可能并没有意识到纯粹的全自动驾驶本身只能是军事领域的独占技术,因为这样的技术对于社会的安全性可能造成极大的挑战和危害,对于美国这样的国家,全自动驾驶的汽车如果携带自动武器则变成了极富威胁性的杀人工具,而从近些年世界范围的战争进程来看,从来没有军方将这类设备武器化,所以本质上来看,这类武器的关键技术还处于极不成熟的阶段,要等到这类技术完全成熟,进而经过数十年的立法和技术装备改进使其完全安全化和通用化之后,才可能进入到民用领域。所以,很多概念在世界范围的流行都具有炒作性,而多数这类现象都表现出销售者对于消费者的信息非对称而产生的有意的愚弄性质。因此,这类现象在市场中要通过合理的引导,尽量减少对于正常商业环境的污染,以避免大众对于市场的失信处于过度水平,这样的趋势对于社会经济和市场的发展都是不利的。

13.4.3　国内消费领域心理日渐成熟

随着国产车的技术、经验和管理售后逐步成熟,国内消费领域也逐步成熟起来。一个典型的特征就是,在几十万的消费区间中,国内的消费者日益形成了自己独有的消费理解,而选择国产车品牌中的较高的配置,来满足自己的实际的车驾代步需要,而不是类似早些年国内消费者初次选择自己的汽车时,可能碍于面子,社会趋势以及片面的对于某些外国品牌的光环,而选择质量中庸外形普通的外国中级品牌产品。消费观日渐成熟的表现就是,国产车品牌日益占据了市场份额的更高的比例,甚至在特定的类型市场中,国产车已经占据了绝大多数的市场消费份额,这说明随着国产乘用车市场的制造业的成熟和消费心理的成熟,都已经逐步达成了更紧密的供求关系,这种市场良性的循环是一个市场健康发展的表现。相比于早些年,中间档次的日韩系车型在华的销量都逐步缩减,这本身就说明了随着消费者的消费观念的成熟,以及国产乘用车的质量不断提升,售后不断改善,人们开始抛弃固有观念,形成了对于质量和外观的切实的自己的看法和偏好。仅仅在豪华车的区间,人们才选择国产汽车比较空白的高价位高性能外国豪华汽车品牌的产品。

国内消费市场的心理成熟是逐步意识到,在几十万的价格区间上,要么选择高性能但是故障率较高的德国或者法国等欧系车型,要么选择性能较为平庸但是故障率较低的日系车型,但是既要高性能也能兼顾低故障率,则必须要使得价格翻倍或者数倍才能支付得起,这必然只能在豪华车的区间中进行选择了。几倍的预算才能真实满足自己的对于极致体验的追求,这意味着人们在经济选择中,逐步变得理性、理智和成熟。

理性的消费观,就是首先要充分了解这些产品的特点、性能和优势,但是也同时要充分理性评估所有车型的缺点和劣势,不能凭借冲动忽视任何一个方面,或者因为迷信而盲目崇拜某一个品牌。选择意味着放弃,在现有的预算中,要想达到某一方面的充分的性能上的优势,必然需要放弃其他的优势,不然必然带来消费预算数倍的上涨。这样的思路对于工业设计和工业产品的成熟度,也是完全一样的,在特定的条件和预算下,不可能兼顾所有的优势,必然放弃一部分,来达成其他的优势的充分发挥。

13.4.4 日系、德系在二战中的演进和制造定位策略

日本制造业的理念是物尽其用,以乘用车为例,日本车从新到旧的驾驶感受始终维持在不温不火的状态,新车也没有很主动很澎湃的动力,几年之后经过磨合期仍旧维持新车的驾驶感受,而十几年之后逐步磨损但是能够充分利用零件自然衰老的状态,维持其最长时间的可用性,尽管车子已经松垮陈旧,但是仍旧维持稳定的运行状态,依旧没有频繁的损坏维修费用,尽管外形并不让国人有很大的动心之处,老化之后的车尽管没有什么使用上的不便,但是也没有除了代步之外的任何其他效用,日本车的外观往往也完全不符合国人的审美习惯,但是就生活的便利性而言还是充分满足了人们的日常需要,而且因为很少出毛病,而且零件容易替换也廉价,所以经济性很好。日本车的最大缺点就是经不起碰撞,一方面不少日本车本身的防撞性能或者安全性设计并没有被早期设计理念系统纳入考虑范围,另一方面,

被碰撞之后就会造成汽车的使用寿命大为减少,发生重要的结构性损坏的概率很大。

以德国车为典型的欧洲制造业理念是追求性能上的体验性,用较高的维护成本和较为频繁替换易损件,来维系车乘的使用感受,尤其是驾驶操控的乐趣。然而这样的造车理念带来的问题就是需要不断更换零件,带来的维护费用较为高昂,而且因为性能不断升级迭代,使得原来的汽车很快就升级了关键部件,新的部件带来新的驾驶乐趣,但是这样就使得原来的车很容易变得不再时尚,而且维修的成本不断增加,使得车主在购买几年之后就很快不得不产生更换新款的外在压力。在高价维系旧车和更换新车的诱惑之中,对于不愿意不断进行高昂的追加投资的消费者而言,处于比较尴尬的境地。欧洲汽车高昂的配件,尤其是个别配件仅能通过原厂采买才能实现,不仅价格高昂而且需要等待的时间特别长,使得维护的成本大幅上升,大大降低了其使用者对于售后的体验感。

我国的国产制造业进步很快,在2015年左右尽管已经完成大幅度提升质量的重要阶段,但是还没有完全形成自己的鲜明的风格特点,在近年中,已经基本形成了自己一些独特的设计和制造风格。国产汽车的质量在不断提升,尽管质量并没有达到臻于完善的程度,大小毛病还会经常出现,但是在制造设计和售后服务的不断完善下,汽车的制造业水平已经基本能够使用自己的现有优势为购买者提供尽可能好的使用体验,例如售后的维修变得非常便捷尤其是价格非常亲民,这使得近年来,我国的消费市场逐步变得成熟起来。较为大胆的外观设计,充足满足国内消费者的审美偏好,对于不同消费群体的细分市场也充满考虑尽量划分细致的细分市场从而更好提供精细化的设计和服务。

就日本和欧洲的造车技术而言,没有本质的水平差距,日本车非常重视使用技术高度纯熟的低成本造车工艺,尽量降低技术含量而提升汽车作为耐用品的经济性能、使用性能和产品的使用寿命。所有这些车厂都是充分吸收了百年以来的制造业的经验,我们前文提到的协和客机的案例就是制造产业的最重要的案例和经验,波音和空客这类最流行的机型,其获得市场的认可,完全不是什么技术的超前性和先进性,而是速度慢、安全性和超大的容纳体积,能更多容纳乘客才能提供给航司更好的经济性能,才能带来更稳定的长期利润,所以,优质的航空产品要充分吸收日本的设计理念,胜在稳定性和超长的使用寿命,而避免陷入对于高技术的空想和追求之中。协和客机就是前车之鉴。

第14章

德国坦克的成熟度演进

14.1 案例简述

与成熟度紧密联系的一个概念是渐进式创新,而与渐进式创新形式上对立的概念就是突破性创新(radical innovation),渐进式创新是有规律可循地建立产业组织和基本架构的基础,而所有的产业组织的内在规律,无论英美德日,毫无疑问,都更倾向于按照渐进式创新的基本内在规律来进行组织,而少数追求突破性的创新,本质上无法按照计划来进行突破,突破似乎仅仅是一种偶然的美好,而不是人能够按照计划来谋求的稀缺矿藏,这个概念同天才紧密联系,也从而和教育的基本理念紧密相关,人们到底是需要一种以追求培养精英的流行文化和知识作为目的的教育,还是旨在培养极少数的天才突破性人才的方案,似乎是很矛盾的,前者似乎有更多的社会性需求,但是后者却关乎国运,在浩如烟海的人群中以近乎令人绝望的残酷标准来进行筛选,不一定有所得,但是却不放过任何一种可能的机会。试问,后者对于社会尤其是中产阶级或者精英大众家庭而言,有什么需求可言呢?

欧洲列强的精英式大学中,一方面延续着传统,艰难地维持着高淘汰率,来谨慎地维系着自己的名誉,另一方面却不得不按照社会的需要不断销售自己的名誉来续命,如果各个大学不设立"方便法门",按照世俗的需要安排富裕的学生体会校园文化,让他们容易地获得自己希望的学位,那么通过组织一种世俗化的教育体系来维持自己的教育理想的目标,似乎很难达成。但是这就是唯一的选择吗?从几百年来的教育实践中,我们看到的似乎也不过如此,但是现实中的连续统中所存在的选项远远比这里描述的复杂得多。教育产业如此,企业的选择,也无法逃出这个藩篱。

在矛盾中到底选择哪种?现实在任何一个注重社会供给和平衡的形势稳定的世俗化国家中,毫无例外都是以选拔前者作为教育行业谋生的手段,而以选拔后者作为安身立命的理想,二者的现实性和理想性往往超出了人们的理解范畴,也超出了人们的基本认知。如果没有怀抱理想的教育者,长期安贫乐道,怀瑾握瑜,就不会有教育系统的长期存在,但是短期没有需求的教育计划,似乎是完全无法从世俗经济上运转的。任何一个国家似乎都有理想,但是却受制于现实的世俗约束,这就是我们讨论的产业发展的基本。如果只看到一方面,就是失败的研究,但是能够平衡二者能有所阐发,那么似乎根本无法维持一个前后一致的基本学术规范,所以,在涉及创新问题的领域,任何探讨都是极为不易的。

本章抓住德国二战期间最关键的制造业产品的主要技术演进路径,来探讨成熟度的一般的规律,而在这个案例之中,成熟度的一般规律非常显著地表露出来。

二战期间,德国的装甲车系列是整个战争发展历史尤其是二战历史的浓墨重彩的部分,这部分不仅仅代表了二战时期的最关键的装甲装备的制造,而且从这些企业的战后发展来看,也奠定了民用交通装备的工业化的基础,所以说,我们从其中能了解到的知识是极为丰富的,相关的材料很多,材料的遴选也很关键,我们顺带介绍一些研究的支撑文献。

14.2　德国Ⅰ号坦克成熟度演进

首先我们来看德军Ⅰ号坦克,全称为 Panzerkampfwagen Ⅰ(装甲防护车),通常文献中简写为 Pz.Kpfw.Ⅰ,这是一个系列的名称,每个德军装甲系列所包含的具体型号都不少,而且还包含了不少衍生变形的装备,这里Ⅰ号坦克就包含了小型指挥坦克 kl.Pz.Bef.Wg.,以及教练车 Schulfahrzeuge 等主要的型号,这些坦克车是总部在鲁尔区中心埃森(Essen)的著名的克房伯(Krupp)公司所创制的一个轻型坦克系列(包含了 L.K.A.和 L.K.B.)。这些轻型坦克包含了主要用于出口的坦克和包含较为先进设计的系列,例如 Pz.Kpfw.Ⅰ Ausf.C(VK 6.01)和 Pz.Kpfw.Ⅰ Ausf.F(VK 18.01)。

对于这一系列坦克的战后研究,据"Panzer Tracts"系列的文献介绍,其基本资料和数据来源很多,而最为翔实的资料来自二战后英国坦克技术学院(British School of Tank Technology)从德国运走的资料,主要包含了克房伯设计部(Krupp's Design Office)与德国陆军装备局(Heeres Waffenamt,即 HWA,英文 German Ordnance Department)的原始联络文件。而这一文件相较于大量来自二战英国情报部门的报告文件(British Intelligence Reports)而言,更接近真实,因为后者基于猜测的成分显然更多。而此时世界范围对于德国技术进展的外部猜测和研究是世界范围的情报重点,而二战结束之后又掀起了研究的热潮,大量各国不同来源的相关的研究中彼此不一致和错误的成分是非常多的。基于第一手资料的报道,就显得尤为重要,这也是这部分克房伯档案的重要之处。这部分档案非常幸运地保留了 L.K.A 和 L.K.B.两种重要出口型号的文件,其中克房伯对德国陆军装备局详细汇报了哪些具体的发明是可以泄露给外国的详细信息,而这些内容事实上揭示了德国在技术进展中的具体的技术方法,例如"子弹散射防护(bullet splash protection)"和"无卡阻滚转轴承转台座圈(non-jamming ball-bearing turret races)"等德国陆军装备局所不希望泄露的技术内容等。

Ⅰ号坦克是一种小型的双人坦克,是德国坦克早期的型号,1934年2月完成试车,德国陆军订购200辆,定型为Ⅰ号A型坦克。主要用于出口和训练,其后的改进型B型则陆续大批订购2 000辆,1935年10月装备了三个装甲师。

进行相关研究,揭示德国坦克尤其是早期坦克研究技术路径是非常困难的,因为受限于其材料的匮乏,大量关键资料都毁于战火,重要的核心材料不少都随着第三帝国的覆灭刻意销毁了。因此,总体上来看,二战前德国装甲装备关键研制路径的幸存文件相对来说是匮乏的,很少量的文件幸存下来。然而,在纽伦堡审判(Nürnberg Trials)中克虏伯公司部分文件却罕见地留有其战争前行为的文档。克虏伯的年报文件中详细列出了其每年的武器设计和制造(weapons design and production)的进步进展状况,其中包含了装甲装备的技术演进路径的信息。类似的,在德国的军工企业,如戴姆勒-奔驰(Daimler-Benz)、亨舍尔(Henschel)、克劳斯玛菲(Krauss Maffei)、克虏伯、曼(MAN)、迈巴赫(Maybach)、莱茵金属(Rheinmetall)等企业的文件中。而具体的坦克在战争中的表现则可以从美国国家档案馆(U.S. National Archives)和德国联邦档案馆-军事档案部分(Bundesarchiv-Militaerarchiv)找到。

如果仅仅依赖德国军械局的资料,对于Ⅰ号坦克的两种先进型号VK 6.01和V 18.01的描述,仅仅有几句话,资料少而又少。而少量资料则来自克劳斯玛菲公司的高层人士Walter Spielberger提供的早期坦克的发展路径和影像资料,包含了VK 6.01型号下的Pz.Kpfw.Ⅰ Ausf.C及其前代产品,以及VK 18.01中的Pz.Kpfw.Ⅰ Ausf.F型坦克。

实战过程的历史的详细描述对于评估和理解产品的设计和制造路径具有极为关键的意义,如果没有对应的实战反馈,就不能充分理解一个设计的关键部分是如何被实际需求催生的,因此获得实战的战况报告也是极为重要的,幸运的是一部分被送往西班牙的Ⅰ号坦克的原始报告被保存下来。其中包含了具体的战争中被对方枪炮军械毁伤的详细描述,而这些对于坦克的研制和改进是极为珍贵的资料。损伤记录是坦克在攻击村庄的时候在极近距离的条件下被损伤的记录。而另外一份极为珍贵的资料,是被送往中国的15 Pz.Kpfw.Ⅰ Ausf.A型坦克的实际战况和毁伤状况的珍贵报告资料。这个报告资料也被保存下来。

而在战争的后期阶段,实际上随着对方坦克的升级,德军更需要的是更大型的包含更强火力和装甲的重型坦克,因此对于Pz.Kpfw.Ⅰ这类轻型坦克的记录和描述则越来越少。然而即使如此,Pz.Kpfw.Ⅰ坦克仍旧在德军坦克团(Panzer-

Regiments)中发挥着重要的作用,尤其是在早期的战役中,例如,在波兰战役、西线战场和巴巴罗萨行动(Operation Barbarossa)中的初始阶段。

14.3 德国 I 号坦克出口中国的记录

下面粗略介绍第一代 Pz.Kpfw. I 号坦克出口到中国的记录,以期对读者有所启发。关于记录中的坦克名称问题,因为 1934 年该车生产受到《凡尔赛条约》禁止德国设计、生产和购买坦克,德国此时生产的该型坦克官方给予的对外伪装代号为"农用拖拉机(Landwirtschaftlicher)",设计代号为克虏伯拖拉机 La.S.,即后面出现的标号 Krupp Traktor La.S.。

从记录上来看,1936 年第三季度中,15 Pz.Kpfw. I Ausf.A 型坦克以 103 万帝国马克售给中国。从汇率角度来看,二战前世界范围仍旧实行着金本位制度,1 美元可以折算 4.2 RM(帝国马克),以金价作为参考,当时的 1 盎司黄金等价 35 美元,而 1 盎司黄金等价 147 帝国马克,1 帝国马克可以兑换 0.19 克黄金。这份记录的作者是克虏伯公司的代表 Habermaas 先生,他来到中国记录于 1937 年 11 月 26 日。

他首先汇报了装箱海运的经过。因为当时的国民党政府中国军械部的组织效率不高,所以直到 1937 年 6 月 22 日这些型号为 15 La.S.的坦克才从运输中拆包卸货,装备是在南京进行拆卸检查的。因为运输中包装不善,所以不少部件在海运中锈蚀非常严重,尤其是坦克枪械的潜望镜部件、伸缩枪瞄准具、机枪支架和转向制动器。船体底部存在 2~4 cm 深的底部进水,导致工具箱、工具、布料和手册被污染弄脏并部分毁坏了。电气元件更是被温暖潮湿的空气损坏。刹车部分的电冷却风扇在集电器和端点被彻底清理好之后才逐步恢复了工作。磁电机和稳压器的所有触点都覆盖了厚厚的氧化层,阻碍了它们的运行。博世(Bosch)公司驻上海代表检查了电气设备,并表示接触材料不适合在热带气候中使用。因为坦克当时的状况非常不佳,导致中国政府指责德国所交付的是二手坦克,而不是新组装的坦克。

其次报告中汇报了地形导致的延误问题。这类坦克受到了中国地形和路况的限制。中国南方的长江流域附近,带履带的越野行进或轮式车辆只能在有限的区域使用。平原区域完全被稻田覆盖。山非常陡峭,不少沟壑隐藏在很高的草丛中。因为有足够的离地间隙,坦克可以穿越稻田。培训驾驶员唯一可能的地点是在南京的装甲训练场,即山脚下的干燥稻田和沼泽休耕地中。地面土壤是黏土类型,上面覆盖了高大、根很深的植被草丛灌木。只有在完全干燥的地面上小心行驶,才不会抛锚。因为地形复杂且地面湿滑,在坦克不得不进行短距转弯时,履带会咬入很深,以至于抛锚。凭借其双车轮和中央履带导轨,"维克斯(Vickers)6 吨坦克"的悬架被证明明显优于 La.S.带 45 mm 高齿的外履带导轨。由于齿高为 80 mm,即使是带有四个车轮和凸起惰轮的卡登-洛伊德(Carden-Loyd)也比 La.S.更好。可以观察到，在潮湿的地面上，草和黏土的混合物堆积起来，因此 La.S.轨道上的导向齿仅伸出 15~20 mm。

最后，是关键的坦克上层结构装备和火炮问题。总的来说，除了延误带来的不愉快之外，中方对 La.S.型坦克抱有好感。该坦克内部有足够的空间。中国方面一致反对该军备的原因是坦克火力太弱。重量超过 5 t 的坦克必须配备 3.7 cm 或 2 cm 的火炮或至少一挺带式水冷机枪。中方不断指出，两种合适的坦克类型，维克斯 6 吨坦克和卡登-洛伊德（Carden-Loyd）轻型坦克 1933，拥有正确的火炮装备。在操作中，尽管打开了所有的遮阳板和舱口，但在夏季的长途旅行中，室内温度仍高达 60℃。把手和脚杠杆非常热，几乎无法操作。有必要通过打开制动调节舱口来为前部通风。此外，由于电气设备过热，发动机舱在坦克长途行军中必须通风。由于高温，经过长途跋涉，炮手不可能在舱口和遮阳板关闭的情况下发射机枪。总的来说，维克斯 6 吨坦克在上海投入使用时被证明是成功的。因为已经在对日作战的时间内，作者在报告中提到"我不知道中国人什么时候打算在战场使用我们的 La.S.型坦克"。这就是报告记录的所有内容。

通过事后的情景猜测，想必该型坦克此时没有下战场是为了留给最后保卫南京的关键时候使用的。1937 年 12 月南京沦陷，而这份报告是 11 月完成的，报告中没有具体描述这些德制坦克在南京保卫战中的具体表现。但是从其他的文献资料中，我们了解到，这些德制装备还是发挥了一些作用的，至少在初次使用时对抗日本同时期坦克没有问题，但是因为军队配备数量太少，日本在调集大量重炮作为应对策略时，该类型坦克最终被为数众多的日本重炮兵所损伤，并且少部分落入日本军队的手中。

上述资料毫无疑问对于我们了解当时的坦克和作战相关的问题，有不少帮助，但是类似的材料实在是太少了，以至于多数时候，很多历史文献在描述坦克装备的具体表现和演进的时候都是基于猜测，所以难免混淆了不少错误。

该型坦克在二战初期，其他军队尚未进行大规模坦克武装的时候毫无疑问具有相对的优势，如果双方坦克比例适当，完全有可能获得很大的战术成功，这也是德军早期成功的坦克类型，而且后面很快就会提到，德军的坦克升级换代速度惊人，德国的工业化实力此时完全反映在对于坦克的迅速研发和升级换代上，所以说，从成熟度评估，Ⅰ号坦克在特定的时间段，算是一款适合的战争装备，但是随着对方的军力装备不断升级，很快就需要进行复杂的升级了。即使在中国案例中，对日的作战过程中，已经显露出，在中国长江流域环境无论是地面环境，还是温度湿度都是不适合的，且对日作战的火力配置也相对其他国家的外贸坦克已经出现火力不足和装甲不足的问题，且内部的一些问题也可能时而观察到。所有这些信息对于德国的坦克升级换代都是极为重要的。当所有这些信息及时反馈到德国陆军装备局的时候，坦克升级换代问题，就提上日程了。

14.4 德国Ⅱ号坦克成熟度演进

Ⅱ号坦克,代表了一战后德国军事复兴的典型装甲装备,是Ⅰ号的升级版本,其目的主要有针对性地提升了Ⅰ号坦克发动机功率和车载武器火力,另外根据中型坦克乘员训练和作战需要等问题而进行了细节改进,表面来看(这也是很多资料的看法)认为其为Ⅰ号坦克的放大型。1934年,德国军方就已经提出发展重量10 t、装备20 mm机关炮和7.92 mm机枪装甲车辆的计划。这里要强调的是,德国军方为了不断提升坦克的成熟度所采取的很多制度上的安排,例如,对于关键型号或者改进型,一般而言都引入竞争方,这同现代美国国防部采取的竞标方式极为类似,在军方提出的需要和标准上,引入多家军火商有针对地进行样机研发,从中遴选一家作为主要的生产商,如果一些被淘汰的样机具有不错的特点,军方也会安排其研发潜在的后续系列,或者直接撮合这些军火商联合研发、设计或者制造。这种引入竞争方的方式,在现代西方的政府军火采购项目中已经成为一种惯例,我们不得不说,这样的制度对于德国在二战期间的军火技术进步具有很积极的促进作用,不仅研发出很多重要的著名产品,而且也不断培养出不少扬名世界的工业企业,这些企业即使在战败之后,也还是活跃在世界范围的各种工业加工和制造领域,在这些企业中,培养了一大批具有专业素质的技师、工人、企业管理人员甚至企业决策和产品设计专业人才,在德国二战战败最关键的艰难时段,也仍旧保留了他们的位置,所以才有了二战后德国产业的复兴。

1934年7月德国军方将上述需求下发给曼、克虏伯、亨舍尔及戴姆勒-奔驰等公司设计一种重量10 t以下的轻型坦克,并要求配有一挺20 mm机炮和两挺7.92 mm机枪。

亨舍尔、曼、克虏伯都先后提出了设计方案。亨舍尔的设计样车称为La.S. 100H(即100H农业拖拉机)。与前文介绍的引入中国的La.S.型号一样,也是规避《凡尔赛条约》的伪装名称。车体没有炮塔,呈敞开式,由6个小直径负重轮支撑。曼的设计样车称为La.S. 100MAN(即100MAN农业拖拉机),外形与英国"卡登-洛伊德6"超轻型坦克相似。每侧有5个小直径负重轮和4个托带轮,采用2个一组的钢板弹簧平衡式悬挂,也没有炮塔。克虏伯的设计样车称为La.S. 100K(100K农业拖拉机)。

由于Ⅰ号坦克是克虏伯所设计,对于第二代车型,克虏伯延续并改进了Ⅰ号样车,仍使用4个大直径负重轮(最后一个接地作为诱导轮)支撑车体,炮塔比Ⅰ号坦克的大并且装有1门KwK30型20 mm机关炮和一挺拥有大型防弹板的7.92 mm机枪,使用视野宽广的蔡司(Zeiss)潜望镜。

军方最终选定了曼公司的方案,但同时规定曼必须在新坦克上安装克虏伯制造的炮塔。其后的开发工作由曼和戴姆勒-奔驰公司合作进行。从这项军方招标采购的最终结果来看,可能克虏伯的第一代坦克存在一些关键问题,军方可能认为克虏伯作为钢铁军械的顶级企业,专门生产炮塔,在移动部件、底盘载具和内燃机上可能略逊于专业的车厂,所以通过上述方式将二者的优点结合起来,以期短期内提升产品的品质。

1935年曼生产了最初10辆La.S. 100坦克,后来改名为A1型坦克。它比Ⅰ号坦克大,但仍作为轻型训练坦克,后来由于Ⅱ号和Ⅳ号坦克生产延误才投入了战斗。最初的型号A1/A2/A3/B是早期生产型号主要用于测试,但仍服役到1941年中期。A1/A2/A3装备了迈巴赫HL57TR发动机,而B型装备的是迈巴赫HL62TR发动机。从1935年末到1937年3月这些型号总共生产了超过110辆。它们的悬挂系统从Ⅰ号坦克发展而来,由三对负重轮组成,外部有一钢架联结。这几型坦克之间只在发动机和冷却系统上有差别。

以上这些就是第一批量产Ⅱ号坦克。其中改良型提升了防护性能,在驾驶室前部和炮塔前部加装了20 mm附加装甲,用螺栓固定。改良型定名Ⅱ号坦克C型,1937年3月投产,共生产了2 000辆。C型坦克之后的Ⅱ号坦克都沿用了C型的典型特点,新悬挂系统,且有五个负重轮。C型坦克是主要的生产型号,当时主要用于作战及训练。在1938年5月,军方又相继生产了D和E型,但因缺乏越野能力,这两种型号于1940年退役。但是递补上来新的F/G型号,作为C型的新的改进型从1940年到1943年服役。

下面我们以F型的改进路径作为一个小的案例,来讨论坦克微细设计改进的路径。鉴于早期的Ⅱ号坦克在火力、防护和机动性方面都逊色于捷克的Panzer 38(t)型坦克,因此军方向厂家提出了进一步改进的需求,具体的设计为,在C型的基础上加设车长指挥塔,从而更好地保证了观察的安全性。驾驶室前部装甲改为35 mm一体化和侧部20 mm的设计方案,从而解决了以前临时附加装甲结构不牢固的问题,整车重量也随之增加到9.5t。车体前部装甲再次改为平直型,并经常挂有备用履带作为防护。F型后期更是加装了威力更强的KwK 38型60倍口径20 mm机关炮并在炮塔后部加上了工具箱。

与此同时,德国为了让更多的厂家了解坦克制造技术,更利于战备采购,就安排了大量公司参与生产。这种策略在二战时期几乎所有的交战国家都有类似政策安排,而德国和美国的安排是比较出名的,也同时产生了大量战后著名的制造企业。德国的安排重点是让不同企业发挥自己的优势,进行合作生产。Ⅱ号坦克的车体底盘基本上是由曼公司生产的,车体上部和炮塔由戴姆勒-奔驰公司生产。Ⅱ号坦克各种型号也分别安排由不同厂商生产,A1到B型由曼和戴姆勒-奔驰公司生产;C型则由曼、戴姆勒-奔驰、亨舍尔、维格曼(Wegmann)、埃克特(Alkett)、米亚格(MIAG)和东普鲁士布雷斯劳车辆与发动机厂(FAMO)等生产,D/E型则由曼生产,F 型由东普鲁士布雷斯劳车辆与发动机厂生产,G 型由曼生产。

下面简略介绍Ⅱ号坦克的战争检测中成熟度相关问题。在面临外部的对方武器不断升级的过程中,成熟度对于一种固定类型的坦克而言是在不断下降的,只要不进行迅速的升级换代,那么成熟度就会迅速下降。在进攻苏联之前,德军面对的基本作战环境是装备坦克较少的国家,尤其是实行闪电战的邻近国家,这样的条件下,德军的Ⅱ号坦克就可能发挥其轻便的特点,更好执行闪电战这样的作战任务。Ⅱ号坦克 A/B/C 型是波兰战役到"巴巴罗萨"战役期间德国装甲师的主力装备,使用量很大。早期的Ⅱ号坦克共生产了 1 113 辆。

而开始和被盟军武装起来的苏联作战的时候,德军此时面对的是对方超过自己较多的大规模的装甲作战军队部署,所以Ⅱ号坦克逐渐就不能胜任这种任务了。1941 年至 1942 年间,同德国的喷火坦克(Flammpanzer)一道在苏联参战,这期间是Ⅱ号坦克逐步显示出不适应作战地条件的时期。从武器上来看,德军面临对方数量巨大的作战员,且对方在装甲和火力上不断升级。我们看到,德国升级研发的反应速度是很快的,迅速为坦克装上了应对此时作战任务的一切可能的装备。

14.5　德国Ⅲ号坦克的制度建设问题

开始第三部分也就是介绍Ⅲ号坦克的相关内容,此时需要深入介绍一些制度建设的问题。我们研究德国二战时期的技术演进和对成熟度的控制,关键的问题,是他们对上述问题的认识如何,以及以什么制度和组织形式展开上述理念的实施。从研究中,我们可以深刻体会到,德国军方相当清楚,制造装备的所有相关参与者角色的重要意义,并为他们安排了相当合理的制度和组织管理计划。这是了解"成熟度"发展历史的关键。德国陆军建立了一个控制良好的武器开发和采购系统,这个系统包括三部分角色:监察团 Inspecktorat 6(In.6),武器测试组 Waffenpruefwesen 6 (Wa.Prw.6)和承包商。

监察团 In.6 负责为部队想要的新车辆制定性能要求。监察团 In.6 还负责批准批量生产的最终设计方案。武器测试组 Wa.Prw.6 创建设计规范,授予设计合同,并召开会议来控制项目。商业设计师被告知他们必须满足的规格以及使用哪些组件。克虏伯、曼、莱茵金属和戴姆勒-奔驰获得了武器测试组 Wa.Prw.6 的合同,以开发详细设计和生产测试车辆。然后由监察团 In.6 在批准进一步开发之前检查结果。

在这些年前后所开发的所有德国武器按照同样的标准确定名称和编号,并且随着时间的推移有一定的演变规律。为了避免因使用原型等不精确的词而造成混淆,在官方制作的详细历史记录中保留了原始文档中每个时期的正确名称。一个像克虏伯轻型坦克/拖拉机(Krupp Leichttraktor)这样的命名初次出现在文档中,并不包含类似于今天的意义,即不意味着克房伯先生或他的任何员工实际上发明了坦克,而仅仅意味着克房伯的设计办公室负责完成并且提供使这个装置实际运转和良好工作所需的所有精确细节。

在这段历史中,戴姆勒-奔驰、克房伯、莱茵金属、埃克特等名称指的是公司或其代表,而不是创始人本人。这与今天的商业习惯和法律关系是有不同概念和语义内涵的。我们在阅读这些文件和资料的时候,是特别需要了解这些背景对于组织起整个二战时期的德国装备制造的重要差别。

从成熟度角度,我们要承认当时的战场应用背景的关键决定意义,而不要认为存在绝对意义上的成熟度概念,任何装备的成熟度都是针对具体环境的,而不可能一成不变。从而,一个常见的错误是,贬低这些武器部较小(火力似乎不足)的轻型坦克和轻型装甲是一个重大错误,尤其是将它们与战争后期生产的重型火炮坦克进行比较时,很多二战后的批评者会持有类似的观念。要了解到在站前的工业化背景中,这些已经是当时"现有技术"和有限资金可以生产的最好的坦克。千万不要认为,这些坦克型号和产品仅仅是从其他外国公司进口的廉价垃圾的仿冒品,而是根据深思熟虑的战术要求创建改进武器系统的认真尝试。很多了解当时各国具体装备的人都知道,德军的军械在二战前远远超过了邻国,甚至几乎所有的军事强国的工业化水平,按照质量标准也呈现出碾压态势,对于这一点,无论是专门研究技术的,战争的,还是外交和社会经济一般发展的历史学家几乎都有共识。所以说,当时没有理由给这些轻型坦克提供比能够抵御当时的机枪发射的穿甲弹所需的装甲更厚的装甲。

在第一次世界大战的战争实际运用中,是机枪的规模化运用妨碍了机动性的战术策略运用,因此对扫射机枪火力的"免疫力"是恢复机动性所需要的。德军Ⅲ号坦克系列(Pz.Kpfw. Ⅲ Ausf.)从型号 A 到型号 D 装甲可以很容易地被波兰 37 mm 反坦克炮穿透,这一事实在战役开始之前就众所周知,这并不奇怪。真正的错误是试图增加装甲保护,使装甲部队为单发反坦克武器提供免疫防御装备。这只是在更厚的装甲和改进的单发穿甲武器之间开始了一场竞赛——迄今为止,装甲还没有彻底赢得这场比赛。

德国试图开发轻型坦克(最初代号为 Kleintraktor)的第一个迹象是在 1928 年 3 月 14 日的军事办公室(Wehramt)会议记录中发现的。他们的秘密计划的既定内容记录在 1928 年 4 月 17 日的 Kraftfahr Ruestungsprogramm(机动车辆设备方案,英文 motorization program,即机动化计划)中。该项记录材料的主题为:轻型拖拉机(Kleintraktor)。1929 年 10 月交付第一台 Versuchsstuecke(即试用件),并于 1930 年进行测试。从 1931 年开始,在可用资金可以实现的情况下,以每辆轻型拖拉机(Kleintraktor)约 5 万马克的成本从一家拥有 17 辆机车的公司进行军事采购。

当德国陆军需要一种新的军用车辆(在这种情况下是秘密轻型坦克)时,受控的开发和采购程序开始启动。首先军事办公室(Wehramt)的监察团In. 6为轻型坦克准备了基本功能特征描述,这些功能要求随后被提供给陆军装备局(Heereswaffenamt)的武器测试组(Wa. Prw. 6),并授权继续开发Versuchsstuecke(试验件)。武器测试组Wa. Prw. 6随后创建了概念指南和技术规范,为详细设计提供基础,并将开发合同授予设计公司。设计承包商准备了概述图和他们拟议设计的概述。在授予开发合同之前,武器测试组Wa. Prw. 6和监察团In. 6对这些提案进行审查并要求进行更改和调整。请求组织(在这种情况下是监察团In. 6来实际负责的)实施资金控制和下拨,以便限制装备测试组Wa. Prw. 6的技术官员的理想主义倾向,按照原文来说,是无法疯狂地创造梦幻玩具的愿望。这反映了当时的测试部门很可能有超过史蒂夫·乔布斯对于工业产业的执着程度,这在历史描述上似乎也的确是如此。监察团In. 6新战车的开发和采购预算计划受到军事总支出年度预算的系列项目的限制,需要进行审批和授权才能下拨经费进行实际开支。这就从经费上对于上述理想主义以及现实中的战争需要进行经济和财务上的控制,以确保其在最优化的实际条件下进行技术演进,这就是成熟度在现实中受到约束的一个绝佳的案例应用。

我们需要简要分析一下这个激励机制的设计问题,武器测试组是隶属于陆军装备局的技术官员或者说专家性质的团体,他们因为隶属关系可以及时反映陆军在实际的作战中产生的需求,这很重要也很关键,因为这里的专家不是经济或者财政意义上的专家,而仅仅是对最核心的亮点负责的专家,他们需要对武器的实际战争实践的反馈负责,也同时需要对于武器本身的技术性能和质量负责。而与他们形成工作制约关系的监察团隶属于军事办公室,是更加宏观地总揽战争事务的上层权力机构,他们对于设计的关键宏观指标具有实质的决定作用。

二战时期德军的武装力量笼统称为Wehrmacht(英文为Defense Power),即第三帝国的武装力量(the Armed Forces of the Third Reich)。而其下属包含了三个基本分支,即陆军Heer(Army),空军Luftwaffe(Air Force)和海军Kriegsmarine(Navy)。这里我们所说的坦克部队属于陆军,也就是军事办公室下属的装备管理部门的一个重要分支部门。

从上述意义上来看,监察团对于下属部门或者装备制造的权利限制一个突出的方面就是经济上及财政上的限制,而这个部门对于具体的细节更多的直接干预是通过财政上和具体的采购环节的具体组织和监督来实现的,而将更细节的内容留给了武器测试部门,从武器测试组的积极活动状况来看,这是一个比较充分授权的组织部门,他们的充分授权说明了这个组织的激励状态相当不错,这也是二战时期德国军械装备积极发展的关键制度保障。从很多细节来看,即使今天的德国商业化的企业组织之间的合作关系,似乎仍旧保留了很大程度上二战时期的企业合作关系,他们各自发挥所长,在长达百年的历史时段都没有出现产权或者技术组织之间的过分的扩张和合并(这种合并在微观上是存在的,也是不少的,但是产业组织的稳定架构并没有因为企业的扩张而发生改变),这种稳定的架构是非常具有德国企业组织的特点的,也是我们需要继续加以研究的重点。

14.6 德国Ⅲ号坦克系列成熟度演进

与前面两类坦克的设计初衷不同,Ⅲ号坦克是一款通用型中型坦克的代号系列,但是与前两个系列的设计时间类似,都是德国20世纪30年代发展并在二战中得到广泛使用的著名系列坦克。它被官方命名为Ⅲ号装甲战斗车辆(简称Pz.Kpfw. Ⅲ)。其设计目的是和其他装甲战斗车辆配合作战,以及和步兵一起配合支援Ⅳ号坦克。

但是,同前两个系列的坦克非常类似,这个时期设计制造的坦克随着战争双方激烈的装备升级,Ⅲ号坦克也很快变得过时了,它所扮演角色的大部分被增强了火力的Ⅳ号坦克所代替。尽管这个系列的坦克从关键角色退了下来,但是仍旧有不少Ⅲ号坦克继续被用于步兵支援,直到战争结束都还能找到他们的身影。

1935年,德军将领古德里安提出的"装甲部队构想"开始一步一步明确化,被实施到装备设计制造实践中,这一构想的主要内容包括需要研制两种作为基本型的中型坦克。陆军兵器部为其中一种拟订了计划,即生产一种最大重量为24 t,最大速度为35 km/h的中型坦克。该型坦克的设计目的是用作德国装甲师的主战坦克,并配备武器部使其有能力与敌方进行坦克战并能够摧毁敌方的坦克装备。这就是后来定型生产的Ⅲ号中型坦克。另一种基本型为支援车辆,配备安装一门大口径火炮,能发射杀伤爆破弹,这就是后来定型生产的Ⅳ型战斗坦克。

装甲部队构想制定之后,德国武装部将这两种基本型战斗坦克的研制任务传递给莱茵金属-博尔西格、克虏伯、曼和戴姆勒-奔驰四家公司,由他们竞标研制。在研制过程中,前一种基本型的伪装代号为 Zugfuhrerwagen(ZW),即牵引引导车、"排指挥车"或"中型拖拉机"(即后来成型的Ⅲ号坦克)。

作为装甲师的主战坦克,发挥作战过程的突击主力功能,这决定了对坦克速度设计的高要求。而"排指挥车"事实上很好地满足了这一要求,它的行驶速度达到了40 km/h。为了达到这一目标,新坦克加强了车体的前部装甲而牺牲了后部装甲的厚度。

一个设计阶段的关键插曲可能反映了当时在主战坦克关键问题上的决策过程。在刚刚进入设计阶段的时候,两个主要的武器装备领导方,一个是军事办公室或武装部,另一个是监察团的领导,即装甲兵总监古德里安,在主炮的口径问题上产生了很大的分歧。武装部倾向于37 mm主炮,而古德里安和其他一些装甲部队的指挥官则主张使用50 mm主炮。

两方的妥协最终达成了下面的设计方案。基于德国步兵大量装备 37 mm 反坦克炮,从弹型统一考虑,最终选择了 37 mm 主炮。并且如果坦克安装同样口径的火炮,则只需要生产一种标准的火炮和炮弹。同时"排指挥车"保留了大直径的炮塔座圈,这一方面可以安装更重的火炮,因为新的车辆是被用来做先头部队的攻击坦克。另一方面也便于将来进一步改造升级。正是因为这个妥协方案,才使得Ⅲ号坦克的使用时间得到了很大程度的延长,将退役期推迟了两年以上。"排指挥车"要比轻型坦克更大,乘员 5 人,为车长、炮手、装填手、驾驶员和通信员。Ⅲ号坦克是第一辆在坦克内部装备通信联络系统从而实现内部通信的坦克。这决定了Ⅲ号坦克的出现是一个领先于时代的战争装备,其高效性不仅仅体现于其强大的作战综合性能,而更为关键的是信息传递这一关键的博弈因素,首次被应用于实战环境,可以想象在初次应用于实战中,可能带来的效果是非常突出的。这种新式联络系统,极大提升了车内乘员之间的相互沟通效率,这为坦克之间的协同作战提供了有力的保障,也由于这个原因,后来所有的坦克都配备了这种系统。

这证明了,二战时期的德军武器研发,不仅存在渐进性的改革,而且在应对具体的实战问题时,具有很大的突破性创新属性,这一点在研究二战历史中是非常显著的。二战时期德军不断从综合的多种角度来完善存在极大信息非对称状况的,战场中和整个军队管理上的信息传输效率的解决方案,并且提供了对于二战之后的社会具有很大影响的诸多发明。

应用在Ⅲ号坦克上的通信装备是非常有效的,该类型系统最终发展成为未来所有新型坦克的标准配置,不仅仅影响了二战期间,而且对于战后乃至今天的战场和商业领域都产生了很大影响。1936 年,柏林的戴姆勒-奔驰公司生产出第一辆原型车(ZWJ)。几乎与此同一时间,亨舍尔和曼也提供了他们设计的原型车。1936 年到 1937 年间,他们的样车和奔驰公司原型车在卡马斯道尔夫和乌尔姆进行了广泛的地面测试。测试结果证明,戴姆勒-奔驰公司的设计是最好的。1937 年初,奔驰公司从武装部那里拿到了Ⅲ号第一型车(即 0 系列)的订单。1935 年至 1937 年间,德军兵器局采用 37 mm 坦克炮研制出Ⅲ号 A 型坦克,并尝试在克虏伯的Ⅳ号坦克和戴姆勒奔驰的Ⅲ号坦克之间逐渐建立统一标准。后来在Ⅰ号原型车的基础上,德军经过一系列的研究和摸索,发展出了前期的短身管 E 到 H 型,以及使用长身管的 J 到 M 型等 3 个系列型号的坦克。

Ⅲ号坦克最初打算是作为德国的主战坦克,能用来对抗大部分敌军坦克。但是战争的装备升级如此迅速,以至于很快出现的 KV 和 T-34 坦克,在实战中证明Ⅲ号处于劣势。为了满足不断发展的需要,以对付这些新型坦克,为Ⅲ号坦克装备了 50 mm KwK 39L/60 火炮,并使用了更厚的装甲,但是在实战中并没有解决对付 T-34 以及 KV 坦克的难题。因此在 1942 年,J-M 型等 3 个系列型号陆续装备了 75 mm KwK 40 L/43 这种长身管的自行火炮。1942 年Ⅲ号坦克的作战角色发挥了很大变化,其后的 N 型使用短身管 75 mm KwK 37L/24 火炮,采用了低速设计为步兵和近距离作战提供支援工作。除此之外,还以Ⅲ号坦克的底盘为基础发展出了多种侦察车和指挥车等。

Ⅲ号坦克 A 型到 C 型在四周都装有 15 mm 略微倾斜的均质钢装甲,顶部和尾部分别是 10 mm 和 5 mm 装甲。这种薄装甲快就被证明是满足不了需要的,其后的 D、E、F 和 G 型的装甲厚度增加到 30 mm,H 型另外有一块 30 mm 的表面硬化装甲安装在车体前部和尾部。Ⅲ号坦克最初的 J 型前方与后方则拥有更坚实的 50 mm 钢板,而后期的 J、L、M 型号拥有另外 20 mm 的装甲前方船体和炮塔。这个额外的正面装甲在 1941 年和 1942 年对于Ⅲ号坦克来说是比较有效的,因为当时的大多数英国和苏联的反坦克炮都是从前方开炮,但是两侧仍有可能受到反坦克炮的攻击。异常沉重的后方装甲,对于Ⅲ号坦克来说是个不小的问题,这降低了其作战的灵活性和制动性,减损了其综合作战价值。

Ⅲ号坦克主要用于波兰、法国、苏联和北非的战争,也参加了诺曼底和 1944 年的荷兰阿纳姆(Arnhem)的战斗。在进攻波兰和法国战争中,Ⅲ号坦克 A 型到 F 型组成了一个小规模的装甲部队。由 100 多辆Ⅲ号 A 型坦克组成的部队,在战斗中表现出明显的优势。这些Ⅲ号 A 型坦克大多数装配了 37 mm 火炮;战斗中的对手包括波兰的 7TP、法国的 R-35 和 H-35 轻型坦克。这一时期德国开始入侵苏联,Ⅲ号坦克成为当时最重要的德国坦克。此时改装的Ⅲ号 E 和 F 型坦克,再加上新Ⅲ号的 G 和 H 型坦克都已经配有 50 mm L/42 火炮。在北非战场上该型坦克也使用上 50 mm L/42 火炮。Ⅲ号坦克最初是为了对抗苏联的 T-34 和 KV 坦克,并于 1941 年前升级到长 50 mm 火炮。此一时期德国坦克的配置,加上德国良好的战术技巧、乘员培训,以及良好的人机工程学技术,可以形成对于大部分的苏联坦克的优势,如对 T-26 和 BT 型坦克,粗略杀伤比为 6∶1,足以形成有利的战场攻势。与 T-34 相比Ⅲ号坦克 J 和 L 型号拥有更强大的 50 mm L/60 火炮。Ⅲ号坦克配上了厚装甲,在 1942 年至 1943 年之间仍旧是很有效的主战坦克。为了对付反坦克步枪以及穿甲弹,1943 年Ⅲ号坦克 M 开始使用间隔装甲裙围绕炮塔和两侧船体。此时作为德国主要中型坦克,Ⅲ号坦克 M 开始逐步被Ⅳ号坦克和豹式坦克替代。其最后的版本Ⅲ号坦克 N 型,安装了短 75 mm 火炮,用于步兵支援。

相对于此一时期的其他国家的坦克,Ⅲ号坦克的设计具有很大优势。它有一个 3 人炮塔组,包含了炮手,装弹员和指挥官。但当时大多数坦克在炮塔上达不到 3 人。例如,法国 Somua S-35 是个典型的例子,它有良好的火力系统和强大的装甲,但其单人炮塔设置导致的结果就是,它无法形成战斗力,有效抗衡Ⅲ号坦克。

第15章

德国坦克发展在冲击下的升级和启示

15.1 德国Ⅳ号坦克成熟度演进

本节简略介绍Ⅳ号坦克的发展历程。两次世界大战之间一方面技术进步突飞猛进,另一方面国际局势并未在一战之后达成的协定中稳定下来,激烈的观念甚至还从各个方面压倒和平的稳定因素,战争的需求不断从暗转明,因此一战的军事经验迅速同迅猛发展的军事技术紧密结合起来,催生了基于实践的战争理论的发展,这些理论都不是纸上谈兵的二战后的理论形态,它们迅速转化为指导战争的实际应用形态,从而回到实践中,此时期在军事和科技上的行动力是一个时代的巅峰。在20世纪20年代和20世纪30年代初,装甲和机械化战争正在经历这样的一个过程,而此时正是一个反复试验试错成型的时期,理论家的观点经历了一个升华过程,体现在现象上就是经常发生的激烈的思想撞击和冲突。"装甲理念(armoured idea)"的主角们确信,坦克的存在使得1914~1917年的战斗在战术上是不可能实现的。而其他人,如法国人,则专注于建造钢和混凝土防坦克防御工事,这些防御工事最终连接起来形成永久性防御区,如马其诺防线。有人说,坦克的主要武器应该是机枪,用来对付敌人的步兵和大炮。这个学派的更极端的支持者甚至认为,在这种情况下,敌对坦克编队之间的交战是没有意义的,因为任何一方都不会对另一方造成太大的伤害。其他人则具有逻辑远见,认识到由于坦克必然会在战场上相遇,能够击倒对手车辆的一方将不可避免地获胜,并开始安装具有穿甲能力的枪支。

在关于激烈的坦克战这一点上,第三种哲学介入,认为安装在野战车上成为专用的反坦克炮,这种武器的一经发明而存在就会使坦克本身过时。事实是,没有人真正知道未来战争真的会发生什么。理论指出了未来的诸多可能性,但是并没有在理论层面达成任何共识,但是就是这些所有可用的理论在未来实践的加持之下真的对战争产生了重大影响。然而在当时这些理论既没有被西班牙内战的事件证实也没有被否认。两次世界大战之间发生的理论上的重大冲突,为未来的战争趋势埋下了伏笔。

《凡尔赛条约》的规定禁止德国拥有履带式战车,但显然不能阻止德国军官研究当时流行的各种理论的深刻含义并付诸实践,也不能阻止他们以几乎不加掩饰的伪装(欺骗性)头衔秘密设计和建造坦克。当希特勒在1935年3月正式废除该条约时,新生的装甲部队已经决定通过向其坦克团发放种类繁多的多样性武器来涵盖所有理论上的替代方案。

两辆机枪武装轻型坦克Pz.Kpfw. Ⅰ和Ⅱ已经在农用拖拉机的幌子下投入生产。Pz.Kpfw. Ⅰ旨在作为训练机,Pz.Kpfw. Ⅱ作为侦察车,尽管后者将成为装甲师的主要装备,直到最终被中型Pz.Kpfw. Ⅲ取代,后者配备三挺机枪和一门37 mm火炮。配备75 mm L/24榴弹炮的Pz.Kpfw. Ⅳ也在开发中,其想法是用HE弹药直接射击,压制其他车辆射程之外的敌方反坦克炮。按照设想,德国装甲团将由两个营组成,每个营有四个连,其中一个被归类为重型或近距离支援连,并装备Pz.Kpfw. Ⅳ,而其他被归类为中型或轻型连,并装备Pz.Kpfw. Ⅲ。现实中由于产量过低,这个梦想并未来得及实现。

早在1930年以古德里安为首的德国一批高级军官就提出研发多功能坦克的设想,以应对未来的战争,经多方复杂的决策过程,确定了两种坦克同时发展的策略。首先是Zugfuhrerwagen牵引引导车(德语即排长车)简写为ZW,ZW后来发展为Ⅲ号坦克。以打击固定目标和敌军坦克为研发目标,采用穿甲弹攻击方式。

另一种即为Begleitwagen(德语为伴随车,或Batailonfuhrerwagen营长车)简写为BW,用来随同并支援步兵作战。而BW就是后来的Ⅳ号坦克。Ⅳ号坦克是二战德军装甲部队的主力武器之一,也是战争期间唯一保持连续生产的坦克,其最初的研制目的是支援步兵作战,后改为对轻型坦克的火力支援。

Pz.Kpfw. Ⅳ的设计可以追溯到1934年1月,当时陆军将新型近距离支援坦克的规格(包含24t的整体重量限制等)下达给制造业企业。在接下来的18个月里,莱茵梅塔尔-博西格(Rheinmettal-Borsig)、克虏伯和曼三家公司各自以Bataillonsführerwagen(battalion commander's vehicle,即营长车)的欺骗性标题为该项目制作了自己的初步设计,通常简称为BW。其中克虏伯的设计样车,命名为VK2001(K),是所有设计样车中最可接受的成型设计,在车体和炮塔上与当代的Pz.Kpfw. Ⅲ有一些相似之处。

详细的招标过程的细节如下。招标前,BW最初设定全重18 t,最大速度35 km/h,主武器为75 mm火炮,并命名Vskfz618。克虏伯以及莱茵钢铁-博尔西格、曼等公司都依据要求设计了样车。莱茵钢铁-博尔西格公司首先完成了木制炮塔样车的制造,样车编号BM-VK2001(Rh)。该车全重18 t,正面装甲16~20 mm,侧面装甲为13 mm。该车发动机功率300 hp*,采用了新式运转变速器,车体每侧有8个小

---

* 1 hp=745.700 W。

第 15 章 德国坦克发展在冲击下的升级和启示

负重轮。每 2 个负重轮为一组,连接到悬挂装置上,车速可达 35 km/h。克虏伯和奥斯堡-纽伦堡机械厂(曼)也都设计了各自的样车,克虏伯公司把重心放在了炮塔的研究上,曼则致力于研发运转变速器 VK 2001(MAN)。克虏伯的 VK-2001(K)和奥斯堡-纽伦堡机械厂的 VK-2002(MAN)样车都用了曼最新设计的运转变速器。曼还研制了新式的交错式悬挂系统。但这个设计没有被采纳。

克虏伯公司生产的样车全重也符合 18 t 的设计标准,车长 5.6 m,车宽 2.9 m,车高 2.65 m。该车发动机功率为 320 hp,装备 1 门 75 mm 火炮,炮弹 140 枚,机枪弹 3 000 发,最大速度 30 km/h。1936 年 4 月 3 日,经过大量测试之后克虏伯的 VK-2001(K)被军方选中,重新定名Ⅳ号坦克(Vskfz622)投入预生产。然而,最初设计的 VK2001(K)没有投入生产,因为设计的多方都在不断改变自己的倾向和主意。陆军最初的要求是六轮交错悬架,但当计划完成时,设计倾向已经大变(可以想见当时的实践对于陆军的需求有多大的影响,使得短期内的计划设计已经改变了),转而要求采用扭杆系统,该系统可以提供更好的行驶效果,并使车轮具有更大的垂直升力。在这一点上,克虏伯向陆军采购机构 Heereswaffenamt 提出异议,同意放弃交错悬架,但坚持使用板簧双转向架单元,这是 Pz.Kpfw.Ⅲ设计失败的一个特征。由于迫切需要 Pz.Kpfw.Ⅳ的生产运行,陆军让步了,并任命克虏伯监督该项目。

这个细节非常关键,我们可以看出,战场上不断反馈来的信息形成了陆军方面对于武器需求的不断变化的主要因素,而制造业的反馈反映了一方面如何能最大限度融合并维持前代产品的积累的经验,另一方面又将可能的当前的新发明融合于潜在的未来装备的设计和制造之中。这所有的信息的融合发生的时间很短,给所有参与方达成共识所预留的决策时间在战争期间是非常有限的,所以形成最后的方案往往需要各方的信息充分融合之后做出最好的判断。是否做出了最优的判断,这很难说,但是毫无疑问,二战期间德国的装备是在不断试错中完成了激烈的升级换代的过程,这些技术升级如此迅速,即使当我们现在审视这段历史的时候也叹为观止。

因此,Pz.Kpfw.Ⅳ设计结合了 VK2001(K)船体和炮塔的许多功能以及克虏伯悬架。采用标准布局,发动机安装在后部。在炮塔内,指挥官坐在他的冲天炉下方的中央,炮手在炮后膛的左侧,装载机在右侧。在前舱中,驾驶员位于左侧,无线电操作员/船体炮手位于右侧。具体而言,Ⅳ号坦克底盘采用箱式构造。底盘前部为操纵装置,后部是 ZF 公司制造的 SFG 变速箱。设有 5 个前进挡和一个后退挡。变速箱两侧有刹车检查窗。诱导轮动力轴为了避免在车体两侧开口而突出在车体外的前后部。变速箱左侧为驾驶位,右侧为通信位。

变速箱上部装有 FuG5 型无线电步话机。通信位前方车体上部设有球形机枪座,并配有 1 挺 MG34 机枪。驾驶位前装甲板上开有一个非战时开放的装甲盖,盖口处装有防弹玻璃。战斗时放下装甲盖,采用舱内的 KEF 双筒潜望镜进行观察,

Ⅳ号 G 型坦克服役后开始废除此设计。Ⅳ号坦克装有专门用于炮塔旋转的电动机。为了避免占用发动机功率,还装有一台 DKW 2 型 2 缸汽油机,其作为全车电源使用,也可以用来启动主发动机。炮塔偏置在车辆中心线左侧 2%,发动机偏向右侧 6 in*,从而允许连接发动机和变速箱的扭矩轴腾出旋转底座的空间,并通过该独立炮塔的电气系统供电。这样做的好处是在右侧提供比左侧更大的内部装载空间,从而可以为装载机安装大量的即用弹药储物柜。

Ⅳ号坦克的悬挂系统采用扭杆式悬挂,行走部分采用 2 个负重轮一组,多组排列的办法进行设计。悬架和运动装置由 8 个小直径车轮组成,这些车轮成对悬挂在板簧单元、前驱动链轮、后惰轮和 4 个顶部复位滚轮上。共有 8 个负重轮和 4 个托带轮(后减为 3 个),虽然当时有人认为弹簧式悬挂更便于停车瞄准,但这种设计还是一直被延续使用到 J 型。在 Pz.Kpfw. Ⅳ的整个漫长的服役期间,车辆的基本布局和悬架系统基本维持不变(除了一些小细节)。车体上部构造全部采用焊接式装甲。前部装甲有 7°~10°的倾角。侧面装甲为垂直设计,还没有引入倾斜式防弹装甲的概念。前后侧面装甲厚度只有 15 mm,因此防护能力比较脆弱。驾驶员舱口盖为前后开合形式,后半舱盖上有一圆形小装甲可以打开用来发射信号弹。驾驶员和无线电员都可以通过打开车体侧面的装甲盖板来进行更大范围的观察。该车发动机舱盖上开有两个大的检查窗,便于维护。

在武器装备上,早期Ⅳ号坦克采用 1 门 KwK37 型 24 倍口径 75 mm 火炮,TZF5b 型直接瞄准具和半自动垂直炮门。使用穿甲弹时初速达 375 m/s,在 500 m 距离上可以击穿 55 mm 厚的垂直装甲。主炮右侧的同轴机枪,可以通过炮手脚下的电钮控制击发,机枪弹共 3 000 发。主炮弹药包括榴弹、穿甲弹和烟幕弹,共携弹 122 枚。

15.2　德国 V 号坦克在外在冲击下的升级

海因茨·古德里安将军(General Heinz Guderian)在他的《装甲领袖》(*Panzer Leader*)一书中这样描述。"许多苏联 T–34 投入行动,并于 1941 年在姆岑斯克对德国坦克造成了重大损失。到目前为止,我们一直享有坦克优势,但从现在开始,情况发生了逆转。因此,迅速取得决定性胜利的前景正在逐渐消失。我就这种情况做了一份报告,对我们来说是一个新的报告,并发送给集团军。在这份报告中,我清楚地描述了 T–34 相对于我们的 Pz.Kpfw. Ⅳ的显著优势,并得出了相关结论,因为这必然会影响我们未来的坦克生产。最后,我敦促立即向我的前线部门派遣一个委员会,该委员会由陆军军械部(Army Ordnance)、军备部(the Armaments

---

* 1 in = 2.54 cm。

Ministry)、坦克设计师和制造坦克的公司的代表组成。如果这个委员会在现场,它不仅可以检查战场上被摧毁的坦克,而且还可以由使用它们的人建议我们的新坦克设计中应该包括什么。我还要求快速生产具有足够穿透力的重型反坦克炮,以击倒 T-34。该委员会于 1941 年 11 月 20 日出现在第二装甲集团军的前线"。

我们对于二战时期的不少关于坦克的细节都来自参与重要的关于装备决策的古德里安将军,从上述这段话中我们看到不少相关书籍都是援引其书籍得出对于二战坦克设计制造以及实践状况的关键转折的一些一般结论。但是比较上述这些结论,我们更应该关注于二战期间德军的装备产业的决策过程的制度要素,尤其是这些参与方如何进行决策的沟通,最终达成一种改进方案。重要的是这个制度的效率如何,我们如何从中得到一些重要的线索和启示。

对于德军的坦克部队而言,苏联 T-34 坦克的意外出现是革命性的。从此之后,德国装甲部队的命运发生了突然的转折,这使德国陆军参谋部很快从由四号坦克(Pz.Kpfw. Ⅳ)的卓越性和多功能性引起的自满情绪中清醒过来。Pz.Kpfw. Ⅳ 的后续研发型号早在 1937 年就开始实际实施了,当时亨舍尔和其他公司被要求生产 30~35 t 级坦克的设计。然而,这方面的进展比较缓慢,部分原因是想法和要求因为实践而变得很复杂,很难达成各方的一致意见,从而延误了决策。到 1941 年,亨舍尔的原型机 VK.3001(H)和保时捷 VK.3001(P)已经完成,但在入侵苏联时,遇到了 T-34 产生的冲击,作战的需求和具体设计要求发生了转折性的变化。VK.4501 型号设计支持更大的扩充可能,可以配备 45t 级的 8.8cm 火炮。这最终成为虎式重型坦克。然而,由于迫切需要 VK.4501 设计,它在很大程度上结合了早期开发原型机的功能,因此虎式设计与 T-34 无关。然而,VK.4501 设计的 8.8 cm 火炮和重型(100 mm)装甲受到 T-34 外观的影响,因为当时的决策者认为在生产中拥有具有这些功能的坦克至关重要,以应对苏联后续所开发和升级类似 T-34 的装甲系列坦克。

正如古德里安所说,军备部任命的委员会迅速采取行动。他们于 1941 年 11 月 20 日进行了"现场"调查,以评估 T-34 设计的主要特征。该坦克车的三个主要特征使所有现役德国坦克在技术上有些过时:① 斜面装甲,可提供最佳的射程偏转;② 大型公路轮提供稳定的驾驶;③ 悬挂炮,这是德国曾经刻意避免的不切实际的功能。其中第一个特征是最具革命性的。军备部迅速采取行动,于 1941 年 11 月 25 日与戴姆勒-奔驰和曼两家主要军备公司签订合同,对 30~35 t 级的新型中型坦克进行设计,军械名称为 VK.3002。为了在第二年春天准备就绪,规格要求车辆配备 60 mm 正面装甲和 40 mm 侧面装甲,前部和侧面要像 T-34 一样倾斜,最大速度可达 55 km/h。

1942 年 4 月,两种设计,VK.3002(DB)(DB 是戴姆勒-奔驰的缩写)和 VK.3002(MAN),被移交给装备检测局(Waffenprüfamt 6)委员会,该委员会是陆军装备局(Heeres Waffenamt)负责装甲战斗车辆(armoured fighting vehicle, AFV)设计和采购的部门。这些设计为我们提供了下述有趣的对比。戴姆勒-奔驰的提议在布局上几乎是 T-34 的复制品(曾被一些人认为是无耻的),仅增加了一些典型的针对条顿人改进。它的船体形状类似于 T-34,炮塔安装在前方,实际上驾驶员坐在炮塔笼内,遥控液压转向。MB507 柴油发动机配备了后链轮变速箱,再次完全复制了 T-34 布局。成对的钢转向架(没有橡胶轮胎)由板簧悬挂,其他设计包括船体侧面的逃生舱口和船体后部的 T-34 式可抛弃的油箱。VK.3002(DB)实际上是一个非常"干净"的设计,具有很大的潜力。例如,板簧比扭杆更便宜,更容易生产,全钢轮的使用从一开始就认识到橡胶短缺的问题。紧凑的发动机和后部的变速箱使战斗舱不受未来升级或结构变化的阻碍,而柴油发动机本身在以后的汽油供应受到严格限制时将是一个优势。

15.3　二战工业发展史和成熟度

为了说明成熟度在军品中的发展路径,我们已经通过对于二战中德国坦克的研发案例来实际说明这个复杂的过程和必要的细节。谈工业发展和企业的创新决策,不得不讨论我们现代世界的技术的历史,无论如何即使我们不去讨论工业革命的早期历史如蒸汽机的使用,我们也无法避免讨论二战(我们这个时代的最核心的技术来源),我们今天几乎所使用的民用商业产品都来自二战前后的技术革命带来的具体的应用,而军事装备,即使今天度过了漫长的和平岁月,大量的新式武器也还没有崭露头角,我们也不得不说,新的技术革命还没有展开,能源还是严格受限,我们还停留在二战之后的世界格局中,尤其是技术的限制带来的对于社会发展的严格限制。我们回顾二战的技术历史,不得不了解二战技术的基本发展脉络。

参 考 文 献

白洁,吕伟,张磊,等,2015.基于模型的系统工程在机载电子系统领域的应用.航空制造技术,473(4):96-99.

车驾明,2000.技术并不等于市场——铱星陨落的启示.航天工业管理(9):37-38.

陈瑞华,2015."锈带复兴"的国际经验借鉴——对"新东北现象"的思考和求解.人民论坛(21):39-41.

陈文光,雨田,1996.阿利安首飞失利与航天项目的高风险.导弹与航天运载技术(5):70-72.

范道津,陈伟珂,2010.风险管理理论与工具.天津:天津大学出版社.

符志民,2005.航天项目风险管理.北京:机械工业出版社.

符志民,李汉铃,2005.航天研发项目风险分析、等级评估及相关性研究.系统工程与电子技术,27(1):52-59.

顾基发,赵丽艳,1999.航天系统安全性分析的概率风险评估方法.系统工程与电子技术(8):28-31.

国际系统工程学会(INCOSE),2013.系统工程手册:系统生命周期流程和活动指南.张新国,译.北京:机械工业出版社.

汉斯-亨利奇·阿尔特菲尔德,2013.商用飞机项目:复杂高端产品的研发管理.唐长红,等译.北京:航空工业出版社.

贺东风,赵越让,郭博智,等,2017.中国商用飞机有限责任公司系统工程手册.上海:上海交通大学出版社.

胡汉鼎,陈治国,2010.知识论读本.北京:中国人民大学出版社.

胡军,2006.知识论.北京:北京大学出版社.

黄芬,孟晓雄,1998.国外大型航天项目的风险管理(上).航天工业管理(9):38-42.

姜丽萍,2003.空中客车公司的构型管理.民用飞机设计与研究(3):40-46.

景晨思,柏萌峤,朱俊,等,2020.军工企业转型研究——美国穆格公司.液压气动与密封,40(2):5-10.
李家驹,2022.代顿的重生:美国"锈带"城市的转型.文化纵横(2):146-154.
李晓松,蔡文军,陈庆华,2010.武器装备研制风险的GERT网络模型研究.系统仿真技术,6(2):92-99.
梁明,2010.铱星重生的启示.数字通信世界(9):31-33.
陆孜伟,2017.美国锈带白人工人的命运.书城(10):117-122.
欧洲空间局(ESA),1994.风险评估要求和方法:ESAPSS-01-404.巴黎:欧洲空间局.
浦传彬,刘存喜,2008.思考空客的适航管理.航空工业论坛(6):7-10.
秦牧,1962.艺海拾贝.上海:上海文艺出版社.
邱菀华,2002.管理决策与应用熵学.北京:机械工业出版社.
邱菀华,等,2001.项目管理学——工程管理理论、方法与实践.北京:科学出版社.
邱菀华,等,2016.现代项目风险管理方法与实践.第二版.北京:中国电力出版社.
任华东,黄子惺,2008.从美国锈带复兴看东北老工业基地产业结构调整[J].黑龙江对外经贸(7):7-9.
上官景浩,2003.航空武器装备全寿命周期风险识别与评价研究.西安:西北工业大学.
史锦梅,2003.高科技就一定能带来效益吗?——铱星破产案的启示.企业研究(3):25-28.
宋琦,赵阳辉,2014.钱学森航天系统工程管理思想与实践.辽东学院学报(社会科学版)(4):10-14.
谭旭峰,董薇,2004.铱星陨落启示录.中国高新区(8):43-44.
汪应洛,2013.钱学森的经济系统工程思想.辽东学院学报(社会科学版)(5):1-9.
王振华,郑汉根,徐振强,2003.美德法的制造业转型.招商周刊(44):31-32.
王钟强,2018.一代贵族今安在——第一代超声速客机协和的前世今生.大飞机(3):67-71.
吴阳煜,2020.美国"锈带":贫困与犯罪的死结.看世界(14):25-28.
吴颖,刘俊堂,郑党党,2015.基于模型的系统工程技术探析.航空科学技术(9):69-73.
夏志琼,2001."铱星"复出的启示.现代企业(6):42.
徐钫,2006.关于航天型号项目管理的几点思考.航天工业管理(6):28-31.
徐哲,冯允成,鲁大伟,2005.武器装备研制项目的技术风险评估.系统工程与电子技术,27(6):1123-1127.
杨明柱,2000.成也萧何 败也萧何.经济日报,08-17(7).
杨玉凤,2004.最后一班协和客机.时代风采(10):46-47.

参 考 文 献

伊曼纽尔·沃勒斯坦,2006.知识的不确定性.王昺,译.济南:山东大学出版社.

庚晋,周洁,白木,2003.协和号:世界上唯一运营的超音速客机.交通与运输(2): 26-27.

袁家军,2006.神舟飞船系统工程管理.北京:机械工业出版社.

张洪雁,2000.铱星陨落的原因及启示.中国乡镇企业(7):17-18.

张健壮,史克录,2013.武器装备研制项目制造风险与制造成熟度.北京:中国宇航出版社.

张文宗,2018.美国"铁锈带"及其政治影响.美国研究,32(6):109-126.

张翼,2007.装甲集鉴:二战德国装甲(1-5).江门:沙冈月刊杂志社.

郑士贵,1996.高新技术创新风险决策 VERT 法及实证研究.管理科学文摘(1): 10-15.

朱启超,匡兴华,2004.NASA 高技术项目风险管理技术与方法.世界科技研究与发展,26(3):95-102.

Aghion P, Tirole J, 1997. Formal and real authority in organizations. Journal of Political Economy, 105: 1-29.

Akerlof G, 1970. The market for 'Lemons': Quality uncertainty and the market mechanism. Quarterly Journal of Economics, 84(3): 488-500.

Akerlof G, Dickens W, 1982. The economic consequences of cognitive dissonance. American Economic Review, 72(3): 307-331.

Albano G, Lizzeri A, 2001. Strategic certification and the provision of quality. International Economic Review, 42(1): 267-283.

Amabile T M, DeJong, W, Lepper M R, 1976. Effects of externally imposed deadlines on subsequent intrinsic motivation. Journal of Personality and Social Psychology, 34(1): 92-98.

Argenziano R, Sergei S, Francesco S, 2016. Strategic information acquisition and transmission. American Economic Journal: Microeconomics, 8(3): 119-155.

Ayer A J, 1956. The problem of knowledge. London: Macmillan.

Bagwell K, 2007. The economic analysis of advertising. Armstrong M, Porter R. Handbook of industrial organization. Amsterdam: North-Holland.

Baker S, Ponniah D, Smith S, 1998. Techniques for the analysis of risks in major projects. Journal of the Operational Research Society, 49(6): 567-572.

Baron J N, 1988. The employment relation as a social relation. Journal of the Japanese and International Economy, 2(4): 492-525.

Baron J N, Kreps D, 1999. Strategic human resources. New York: John Wiley.

Bar-Isaac H, Caruana G, Cunat V, 2012. Information gathering externalities. The

Journal of Industrial Economics, 60(1): 162 – 185.

Beaulieu N, 2002. Quality information and consumer health plan choices. Journal of Health Economics, 21(1): 43 – 63.

Beaver W, Shakespeare C, Soliman M T, 2006. Differential properties in the ratings of certified versus non-certified bond rating agencies. Journal of Accounting and Economics, 42(3): 303 – 334.

Becker B, Milbourn T, 2008. Reputation and competition: Evidence from the credit rating industry. Harvard Business School Finance Working Paper No. 09 – 051.

Bem D J, 1967. Self-perception: An alternative interpretation of cognitive dissonance phenomena. Psychological Review, 74(3): 183 – 200.

Benabou R, Laroque G, 1992. Using privileged information to manipulate markets: Insiders, gurums, and credibility. Quarterly Journal of Economics, 107 (3): 921 – 958.

Benabou R, Tirole J, 2002a. Self-confidence and personal motivation. Quarterly Journal of Economics, 117(3): 871 – 915.

Benabou R, Tirole J, 2002b. Willpower and personal rules. Journal of Political Economy, 112: 848 – 886.

Benabou R, Tirole J, 2003. Intrinsic and extrinsic motivation. The Review of Economic Studies, 70(3): 489 – 520.

Ben-David I, Raz T, 2001. An integrated approach for risk response development in project planning. Journal of the Operational Research Society, 52 (1): 14 – 25.

Bennear L S, Olmstead S, 2008. The impacts of the 'right to know': Information disclosure and the violation of drinking water standards. Journal of Environmental Economics and Management, 56(2): 117 – 130.

Berger A, Davies S, Flannery M, 2000. Comparing market and supervisory assessments of bank performance: Who knows what when? Journal of Money, Credit and Banking, 32(2): 641 – 666.

Bernheim B D, 1994. A theory of conform. Journal of Political Economy, 102(5): 841 – 877.

Bibring E, 1953. The mechanism of depression. New York: International University Press.

Board O, 2009. Competition and disclosure. Journal of Industrial Economics, 57(1): 197 – 213.

Bolton P, Dewatripont M, 2005. Contract theory. Cambridge: MIT Press.

Bundorf M K, Chun N, Goda G S, et al., 2008. Do markets respond to quality information? The case of fertility clinics. Journal of Health Economics, 28(3): 718-727.

Bushee B J, Leuz C, 2005. Economic consequences of SEC disclosure regulation: Evidence from the OTC bulletin board. Journal of Accounting and Economics, 39(2): 233-264.

Cain D M, Loewenstein G, Moore D A, 2005. The dirt on coming clean: Perverse effects of disclosing conflicts of interest. Journal of Legal Studies, 34(1): 1-25.

Cantor R, Packer F, 1997. Differences of opinion and selection bias in the credit rating industry. The Journal of Banking and Finance, 21: 1395-1417.

Carnoy M, Loeb S, 2002. Does external accountability affect student outcomes? A cross-state analysis. Educational Evaluation and Policy Analysis, 24(4): 305-331.

Carrillo J D, Mariotti T, 2000. Strategic ignorance as a self-disciplining device. Review of Economic Studies, 67(3): 529-544.

Chapman R J, 2001. The controlling influences on effective risk identification and assessment for construction design management[J]. International Journal of Project Management, 19(3): 147-160.

Chen M, 2008. Minimum quality standards and strategic vertical differentiation: An empirical study of nursing homes. Evanston: Northwestern University.

Chernew M, Gowrisankaran G, Scanlon D, 2008. Learning and the value of information: The case of health plan report cards. Journal of Econometrics, 144(1): 156-174.

Chisholm R M, 1957. Perceiving: A philosophica study. New York: Cornell University Press (Ithaca).

Cho I K, Kreps D M, 1987. Signaling games and stable equilibria. The Quarterly Journal of Economics, 102(2): 179-221.

Condry J, Chambers J, 1978. Intrinsic motivation and the process of learning. Lepper M, Greene D. The hidden cost of reward: New perspectives on the psychology of human motivation. New York: John Wiley.

Cooley C, 1902. Human nature and the social order. New York: Scribner's.

Corchón L C, Marini M A, 2018. Handbook of game theory and industrial organization-Vol Ⅰ and Ⅱ. Cheltenham: Edward Elgar Publishing.

Crawford V P, Joel S, 1982. Strategic information transmission. Econometrica, 50(6): 1431-1451.

Cullen J, Reback R, 2006. Tinkering toward accolades: School gaming under a performance accountability system. NBER Working Paper W12286.

Cutler D, Zeckhauser R, 1997. Adverse selection in health insurance. NBER Working Paper W6107.

Dafny L, Dranove D, 2008. Do report cards tell consumers anything they don't already know? The case of Medicare HMOs. RAND Journal of Economics, 39 (3): 790-821.

Darley J M, Fazio R H, 1980. Expectancy confirmation processes arising in the social interaction sequence. American Psychologist, 35(10): 867-881.

Deci E L, 1971. Effects of externally mediated rewards on intrinsic motivation. Journal of Personality and Social Psychology, 18(1): 105-115.

Deci E L, 1975. Intrinsic motivation. New York: Plenum Press.

Deci E L, Cascio W F, 1972. Changes in intrinsic motivation as a function of negative feedback and threats. Eastern Boston: Psychological Association Meeting.

Deci E L, Koestner R, Ryan R M, 1999. A meta-analytic review of experiments examining the effects of extrinsic rewards on intrinsic motivation. Psychological Bulletin, 125 (6): 627-668.

Deci E L, Ryan R M, 1985. Intrinsic motivation and self-determination in human behavior. New York: Plenum Press.

Deci E L, Ryan R M, 2008. Self-determination theory: A macrotheory on human motivation, development, and health. Canadian Psychology, 49(3): 182-185.

Deere D, Strayer W, 2001. Putting schools to the test: School accountability, incentives, and behavior. College Station: Working Paper 113, Private Enterprise Research Center, Texas A&M University.

Delfgauw J, Dur R, 2002. Signaling and screening of workers' motivation. Rotterdam: Tinbergen Institute.

Dellarocus C, 2003. The digitization of word-of-mouth: Promise and challenges of online feedback mechanisms. Management Science, 49(10): 1407-1424.

Della V S, Pollet J, 2009. Investor inattention, firm reaction, and friday earnings announcements, Journal of Finance, 64(2): 709-749.

Dessein W, 2002. Authority and communication in organizations. Review of Economic Studies: 69 (4): 811-838.

Dewan S, Hsu V, 2004. Adverse selection in reputations-based electronic markets: Evidence from online stamp auctions. Journal of Industrial Economics, 52 (4): 497-516.

Doherty N A, Kartasheva A, Phillips R D, 2009. Competition among rating agencies and information disclosure.

Dranove D, 1988. Demand inducement and the physician patient relationship economic inquiry, 26(2): 281 – 298.

Dranove D, 2008. Code red. Princeton: Princeton University Press.

Dranove D, Kessler D, McClellan M, et al., 2003. Is more information better: The effects of 'report cards' on health care providers. Journal of Political Economy, 111 (3): 555 – 588.

Dranove D, Sfekas A, 2008. Start spreading the news: A structural estimate of the effects of New York hospital report cards. Northwestern Kellogg Working Paper.

Durbin E, 2001. Moody's or the Michelin Guide? Revealing quality through private-sector Certification. Washington University Working Paper.

Edelman B, 2006. Adverse selection in online 'trust' certifications. Cambridge: Harvard University.

Epstein A, 1998. Rolling down the runway – The challenges ahead for quality report cards. Journal of the American Medical Association, 279(21): 1691 – 1696.

Etzioni A, 1971. Modern organizations. Englewood Cliffs: Prentice-Hall.

Fang H, Moscarini G, 2002. Overconfidence, morale and wage-setting policies. New Haven: Yale University.

Farhi E, Lerner J, Tirole J, 2008. Fear rejection? Tiered certification and transparency. NBER Working Paper #14457.

Faure-Grimaud A, Pevrache E, Quesada L, 2009. The ownership of ratings. RAND Journal of Economics, 40(2): 234 – 257.

Fehr E, Falk A, 1999. Wage rigidity in a competitive incomplete contract market. Journal of Political Economy, 107 (1): 106 – 134.

Fehr E, Schmidt K, 2000. Fairness, incentives, and contractual choices. European Economic Review, 44 (4 – 6): 1057 – 1068.

Feinstein J, 1989. The safety regulation of U.S. Nuclear Power Plants: Violations, inspections, and abnormal occurrences. Journal of Political Economy, 97 (1): 115 – 154.

Feng L, 2009. Multitasking, information disclosure and product quality: Evidence from nursing homes. Rochester: University of Rochester, Working Paper.

Festinger L, Carlsmith J M, 1959. Cognitive consequences of forced compliance. Journal of Abnormal and Social Psychology, 58(2): 203 – 210.

Figlio D N, Getzler L S, 2006. Accountability, ability and disability: Gaming the system? Amsterdam: Elsevier.

Figlio D N, Lucas M E, 2004. What's in a grade? School report cards and the housing market. American Economic Review, 94(3): 591-604.

Fishman M J, Hagerty K M, 2003. Mandatory versus voluntary disclosure in markets with informed and uninformed customers. Journal of Law, Economics and Organization 19(1): 45-63.

Flegm E, 2005. Accounting at a crossroad. The CPA Journal, 12.

Francis J R, Khurana I K, Pereira R, 2005. Disclosure incentives and effects on cost of capital around the world. The Accounting Review, 80(4): 1125-1162.

Freixas X, Shapiro J, 2009. The credit ratings game. NBER Working Paper W14712.

Frey B S, 1997. Not just for the money: An economic theory of personal motivation. Cheltenham: Edward Elgar.

Frey B S, Fehr E, Benz M, 2000. Does motivation crowding out spread beyond the area of intervention? Experimental evidence. Zurich: University of Zurich.

Frey B S, Oberholzer-Gee F, 1997. The cost of price incentives: An empirical analysis of motivation crowding-out. American Economic Review, 87(4): 746-755.

Friedman M, 1990. Agreement between product ratings generated by different consumer testing organizations: A statistical comparison of 'consumer reports' and 'which?' from 1957 to 1986. Journal of Consumer Affairs, 24(1): 44-68.

Fudenberg D, Tirole J, 1991. Game theory. Cambridge: MIT Press.

Fung A, Graham M, Weil D, 2007. Full disclosure: The perils and promise of transparency. Cambridge: Cambridge University Press.

Gavazza A, Lizzeri A, 2007. The perils of transparency in bureaucracies. American Economic Review, 97(2): 300-305.

Gettier E. Is justified true belief knowledge. Analysis, 1963, 23(6): 121-123.

Gibbons R, 1997. Incentives and careers in organizations. Kreps D, Wallis K. Advances in economic theory and econometrics. Cambridge: Cambridge University Press.

Gilbert D, Silvera D, 1996. Overhelping. Journal of Personality and Social Psychology, 70(4): 678-690.

Glazer J, McGuire T G, Cao Z, et al., 2008. Using global ratings of health plans to improve the quality of health care. Journal of Health Economics, 27(5): 1182-1195.

Gneezy U, Rustichini A, 2000a. A fine is a price. Journal of Legal Studies, 29(1): 1-17.

Gneezy U, Rustichini A, 2000b. Pay enough or don't pay at all. Quarterly Journal of Economics, 115(3): 791-810.

Goffman E, 1974. Frame analysis. New York: Harper & Row.

参 考 文 献

Graham M, 2002. Democracy by disclosure: The rise of technopopulism. Washington D.C.: Brookings Institution Press.

Greenstone M, Oyer P, Vissing-Jorgensen A, 2006. Mandated disclosure, stock returns, and the 1964 securities acts amendments. The Quarterly Journal of Economics, 121 (2): 399-460.

Grossman S J, 1981. The informational role of warranties and private disclosure about product quality. Journal of Law and Economics, 24(3): 461-489.

Grossman S J, Hart O D, 1980. Disclosure laws and takeover bids. The Journal of Finance, 35(2): 323-334.

Grubb M D, 2007. Developing a reputation for reticence. Cambridge: MIT Sloan Working Paper.

Guerra G A, 2001. Certification disclosure and informational efficiency: A case for ordered rankings of levels. Oxford: University of Oxford Department of Economics Discussion Paper Series.

Guo L, Zhao Y, 2008. Voluntary quality disclosure and market interaction. Management Science, 28(3): 488-501.

Haney W, 2000. The myth of the texas miracle in education. Education Policy Analysis Archives, 8: 41.

Hanushek E A, Raymond M E, 2004. The effect of school accountability systems on the level and distribution of student achievement. Journal of the European Economic Association, 2(2-3): 406-415.

Hanushek E A, Raymond M E, 2005. Does school accountability lead to improved student performance? Journal of Policy Analysis and Management, 24(2): 297-327.

Harbaugh R, Maxwell J W, Roussillon B, 2011. Label confusion: The Groucho effect of uncertain standards. Management Science, 57(9): 1512-1527.

Harsanyi J C, 1968a. Games with incomplete information played by Bayesian players, Ⅰ-Ⅲ: Part Ⅰ. The basic model. Management Science, 14(3): 159-182.

Harsanyi J C, 1968b. Games with incomplete information played by Bayesian players Part Ⅱ. Bayesian equilibrium points. Management Science, 14(5): 263-382.

Harsanyi J C, 1968c. Games with incomplete information played by Bayesian players, Part Ⅲ. The basic probability distribution of the game. Management Science, 14(7): 383-511.

Hastings J S, Weinstein J M, 2008. Information, school choice and academic achievement: Evidence from two experiments. Quarterly Journal of Economics, 123

(4): 1329-1372.

Hirshleifer D, Lim S, Teoh S, 2004. Disclosure to an audience with limited attention. Columbus: Ohio State University.

Holmström B, Milgrom P, 1991. Multitask principal - agent analyzes: Incentive contracts, asset ownership, and job design. Journal of Law, Economics And Organization, 7(Special Issue): 24-52.

Hong H, Kubik J D, 2003. Analyzing the analysts: Career concerns and biased earnings forecasts. Journal of Finance, 58(1): 313-351.

Hotz V J, Xiao M, 2009. Strategic information disclosure: The case of multi-attribute products with heterogeneous consumers. Working Paper.

Hubbard T N, 1998. An empirical investigation of moral hazard in the vehicle inspection market. RAND Journal of Economics, 29(2): 406-426.

Hubbard T N, 2002. How do consumers motivate experts? Reputational incentives in an auto repair market. Journal of Law and Economics, 45(2): 437-468.

Huchzermeier A, Loch C H, 2001. Project management under risk: Using the real options approach to evaluate flexibility in R&D. Management Science, 47 (1): 85-101.

Hull C L, 1943. Principles of behavior : An introduction to behavior theory. New York: Appleton-Century-Crofts.

Hvide H K, Heifetz A, 2001. Free-entry equilibrium in a market for certifiers. Bergen: Norwegian School of Economics.

Iezzoni L I, 1997. The risks of risk adjustment. Journal of American Medical Association, 278(19): 1600-1607.

Ippolito P M, Mathios A, 1990. Information, advertising and health choices: A study of the cereal market. RAND Journal of Economics, 21(3): 459-480.

Jacob B A, 2005. Accountability, incentives and behavior: Evidence from school reform in Chicago. Journal of Public Economics, 89(5-6): 761-796.

Jacob B A, Levitt S, 2003. Rotten apples: An investigation of the prevalence and predictors of teacher cheating. Quarterly Journal of Economics, 118(3): 843-877.

Jentz T L, 2002. Panzer Tracts No. 1-2. Panzerkampfwagen I - Kl.Pz.Bef.Wg. To VK 18.01.

Jin G Z, 2005. Competition and disclosure incentives: An empirical study of HMOs. RAND Journal of Economics, 36(1): 93-112.

Jin G Z, Kato A, 2006a. Price, quality and reputation: Evidence from an online field experiment. RAND Journal of Economics, 37(4): 983-1005.

Jin G Z, Kato A, List J A, 2010. That's news to me! Information revelation in professional certification markets. Economic Inquiry, 48(1), 104-122.

Jin G Z, Leslie P, 2003. The effects of information on product quality: Evidence from restaurant hygiene grade cards. Quarterly Journal of Economics, 118(2): 409-451.

Jin G Z, Sorensen A T, 2006b. Information and consumer choice: The value of publicized health plan ratings. Journal of Health Economics, 25(2): 248-275.

Jovanovic B, 1982. Truthful disclosure of information. The Bell Journal of Economics, 13(1): 36-44.

Kane T J, Staiger D O, 2002. The promise and pitfalls of using imprecise school accountability measures. Journal of Economic Perspectives, 16(4): 91-114.

Kerzner H, 2019. Using the project management maturity model: Strategic planning for project management. 3nd Edition. New York: John Wiley & Sons.

Kidder T, 1981. The soul of a new machine. New York: Little, Brown.

Kinlaw D, 1997. Coaching: Winning strategies for individuals and teams. U.K.: Gower.

Kliger D, Sarig O, 2000. The information value of bond ratings. Journal of Finance, 55(6): 2879-2902.

Kohn A, 1999. Punished by rewards: The trouble with gold stars, incentive plans, A's, praise, and other bribes. Boston: Houghton Mifflin Harcourt.

Korman A K, 1970. Toward an hypothesis of work behavior. Journal of Applied Psychology, 54(1): 31-41.

Kreps D M, 1997. Intrinsic motivation and extrinsic incentives. American Economic Review, 87 (2): 359-364.

Kruglanski A W, 1978. Issues in cognitive social psychology. Lepper M R, Greene D. The hidden cost of reward: New perspectives on the psychology of human motivation. New York: John Wiley.

Kruglanski A W, Friedman I, Zeevi G, 1971. The effect of extrinsic incentives on some qualitative aspects of task performance. Journal of Personality, 39(4): 608-617.

Laffont J, Tirole J, 1988. Repeated auctions of incentive contracts, investment and bidding parity, with an application to takeovers. The RAND Journal of Economics, 19: 516-537.

Lazear E P, 2000. Performance, pay and productivity. American Economic Review, 90(5): 1346-1361.

Legault L, Green-Demers I, Grant P, et al., 2007. On the self-regulation of implicit and explicit prejudice: A self-determination theory perspective. Personality and Social Psychology Bulletin, 33(5), 732-749.

Lepper M R, Greene D, 1978. Overjustification research and beyond: Toward a means-ends analysis of intrinsic and extrinsic motivation. The hidden cost of reward: New perspectives on the psychology of human motivation. New York: John Wiley.

Lepper M R, Greene D, Nisbett R E, 1973. Undermining children's intrinsic interest with extrinsic reward: A test of the "overjustification" hypothesis. Journal of Personality and Social Psychology, 28(1): 129-137.

Leuz C, Triantis A, Wang T Y, 2008. Why do firms go dark? Causes and economic consequences of voluntary SEC deregistrations. Journal of Accounting and Economics, 45(2-3): 181-208.

Levin D, Peck J, Ye L X, et al., 2009. Quality disclosure and competition. The Journal of Industrial Economics, 57(1): 167-196.

Lewis G, 2009. Asymmetric information, adverse selection and online disclosure: The case of eBay motors. Harvard: Harvard University.

Lim T, 2001. Rationality and analysts' forecast bias. Journal of Finance, 56(1): 369-385.

Lindbeck A, Nyberg S, Weibul J W, 1996. Social Norms, the welfare state, and voting. Stockholm: Stockholm University.

Lizzeri A, 1999. Information revelation and certification intermediaries. The RAND Journal of Economics, 30(2): 214-231.

Loffler G, 2005. Avoiding the rating bounce: Why rating agencies are slow to react to new information. Journal of Economic Behavior and Organization, 56(3): 365-381.

Macher J T, Mayo J W, Nickerson J, 2008. Exploring the information asymmetry gap: Evidence from FDA regulation. Working Paper.

Marshall M N, Shekelle P G, Leatherman S, et al., 2000. The public release of performance data: What do we expect to gain? A Review of the Evidence. Journal of the American Medical Association, 283(14): 1866-1874.

Masahiro O F, Andrew P, Kotaro S, 1990. Strategic information revelation. Review of Economic Studies, 57(1): 25-47.

Mathios A D, 2000. The impact of mandatory disclosure regulations on health choices: An analysis of the salad dressing market. Journal of Law and Economics, 43(2): 651-678.

Mathis J, McAndrews J, Rochet J, 2009. Rating the raters: Are reputation concerns powerful enough to discipline rating agencies? Journal of Monetary Economics, 56(5): 657-674.

Matthews S A, Postlewaite A, 1985. Quality testing and disclosure. The RAND Journal of Economics, 16(3): 328-340.

Merton R K, 1948. The self-fulfilling prophecies. The Antioch Review, 8: 193-210.

Miao C H, Benabou R, Blakburn K, et al., 2009. Competition in quality standards. Journal of Industrial Economics, LV Ⅱ: 0022-1821.

Michaely R, Womack K L, 1999. Conflict of interest and the credibility of underwriter analyst recommendations. The Review of Financial Studies, 12(4): 653-686.

Miles R E, 1965. Human relations and human resources. Harvard Business Review, 43(4): 148-157.

Milgrom P R, 1981. Good news and bad news: Representation theorems and applications. The Bell Journal of Economics, 12(2): 380-391.

Milgrom P R, Roberts J E, 1986. Relying on the information of interested parties. The RAND Journal of Economics, 17(1): 18-32.

Milgrom P R, Roberts J E, 1988. An economic approach to influence activities in organizations. American Journal of Sociology, 94: S154-S179.

Miller N, Resnick P, Zechhauser R, 2005. Eliciting information feedback: The peer-prediction method. Management Science, 51(9): 1359-1373.

Ottaviani M, Sorensen P N, 2006. Professional advice. Journal of Economic Theory, 126(1): 120-142.

Park M, Leahey E, Funk R J, 2023. Papers and patents are becoming less disruptive over time. Nature, 613(7942): 138-144.

Peterson P E, West M R, 2003. No child left behind? The politics and practice of accountability. Washington, D.C.: Brookings.

Pfeffer J, 1994. Competitive advantage through people: Problems and prospects for change. Boston: Harvard Business School Press.

Pike G R, 2004. Measuring quality: A comparison of US news rankings and NSSE benchmarks. Research in Higher Education, 45(2): 193-208.

Plant R W, Ryan R M, 1985. Intrinsic motivation and the effects of self-consciousness, self-awareness, and ego-involvement: An investigation of internally controlling styles. Journal of Personality, 53(3), 435-449.

Pope D G, 2006. Reacting to rankings: Evidence from "America's best hospitals and colleges", Berkeley: University of California.

Powers N, Blackman A, Lyon T P, et al., 2008. Does disclosure reduce pollution? Evidence from India's green ratings project. Ann Arbor: University of Michigan.

Prendergast C, 2007. The motivation and bias of bureaucrats. American Economic Review, 97(1): 180-196.

Ray P. An innovative approach of risk planning for space programs [J]. International Journal of Industrial Ergonomics, 2000, 26(1): 67-74.

Raz T, Michael E, 2001. Use and benefits of tools for project risk management [J]. International Journal of Project Management, 19: 9-17.

Resnick P, Zeckhauser R, 2002. Trust among strangers in internet transactions: Empirical analysis of eBay's reputation system. Amsterdam: Elsevier Science.

Romano P S, Zhou H, 2004. Do well-publicized risk-adjusted outcomes reports affect hospital volume? Medical Care, 42(4): 367-377.

Rosenthal R, Jacobson L, 1968. Pygmalion in the classroom: Teacher expectation and pupils' intellectual development. New York: Holt-Rinehart-Winston.

Salancik G, 1977. Commitment and the control of organizational behavior and beliefs. Chicago: St. Clair Press.

Scanlon D P, Chernew M, McLaughlin C, et al., 2002. The impact of health plan report cards on managed care enrollment. Journal of Health Economics, 21(1): 19-41.

Scanlon D P, Chernew M, Sheffler S, et al., 1998. Health plan report cards: Exploring differences in plan ratings. The Joint Commission Journal on Quality and Patient Safety, 24(1): 5-20.

Scharfstein D S, Stein J C, 1990. Herding behavior and investment. American Economic Review, 80(3): 465-479.

Schmalensee R, Willig R, 1998. Handbook of industrial organization, Vol 1. Amsterdam: North-Holand.

Schneider E C, Epstein A M, 1998. Use of public performance reports: A survey of patients undergoing cardiac surgery. Journal of the American Medical Association, 279(20): 1638-1642.

Schwartz A, 2008. How much irrationality does the market permit? Journal of Legal Studies, 37(1): 131-159.

Schwartz B, 1990. The creation and destruction of value. American Psychologist, 45(1), 7-15.

Shavell S, 1994. Acquisition and disclosure of information prior to sale. The RAND Journal of Economics, 25(1): 20-36.

Skinner G F, 1953. Science and human behavior. New York: Macmillan.

Skreta V, Veldkamp L L, 2009. Ratings shopping and asset complexity: A theory of ratings inflation. Journal of Monetary Economics, 56(5): 678-695.

Snyder C R, Higgins R L, Stucky R J, 1983. Excuses: Masquerades in search of grace. New York: John Wiley.

Souvorov A, 2003. Addiction to rewards. Toulouse: Toulouse University.

Spence M, 1973. Job market signaling. The Quarterly Journal of Economics, 87(3): 355-374.

Staw B M, 1977. Motivation in organizations: Toward synthesis and redirection. Chicago: St. Clair Press.

Staw B M, 1989. Intrinsic and extrinsic motivation. Chicago: University of Chicago Press.

Stigler G, 1971. The theory of economic regulation. The Bell Journal of Economics, 2(1): 3-21.

Stivers A, 2004. Unraveling of information: Competition and uncertainty. The B. E. Journal of Theoretical Economics, 4(1): 1-18.

Tan W, Wang F, 2008. Credit rating agency interaction and credit rating quality.

Thompson G R, Vaz P, 1990. Dual bond ratings: A test of the certification function of rating agencies. The Financial Review, 25(3): 457-471.

Uher T E, Toakley A R, 1999. Risk management in the conceptual phase of a project. International Journal of Project Management, 17(3): 161-169.

Viscusi W K, 1978. A note on 'lemons' markets with quality certification. The Bell Journal of Economics, 9(1): 277-279.

Wedig G J, Tai-Seale M, 2002. The effect of report cards on consumer choice in the health insurance market. Journal of Health Economics, 21(6): 1031-1048.

Weinstein N, Deci E L, Ryan R M, 2011. Motivational determinants of integrating positive and negative past identities. Journal of Personality and Social Psychology, 100(3): 527-544.

Werner R M, Asch D A, 2005. The unintended consequences of publicly reporting quality information. Journal of the American Medical Association, 293(10): 1239-1244.

Williamson O E, 1993. Calculativeness, trust, and economic organization. Journal of Law and Economics, 36(1): 453-486.

Wilson J Q, 1982. The Politics of regulation. New York: Basic Books.

Wilson T D, Hull J G, Johnson J, 1981. Awareness and self-perception: Verbal reports on internal states. Journal of Personality And Social Psychology, 40(1): 53-71.

Wimmer B S, Chezum B, 2003. An empirical examination of quality certification in a "Lemons Market". Economic Inquiry, 41(2): 279-291.